探求环境问题解决之道
——人与自然和谐共存

［日］综合地球环境学研究所·中国环境问题研究基地　编译

U0336810

同济大学出版社
TONGJI UNIVERSITY PRESS

内 容 提 要

　　本书是日本综合地球环境学研究所·中国环境问题研究基地,基于研究所成立以来实施的 10 数个以中日学者合作研究为主的国际合作项目的研究成果。本书的内容有四个特色:第一、时间广度,既有关于包括中国在内的东亚地区的古环境与农耕起源的课题,也有现今正在发生的水环境问题以及现代农村发展与传统文化的问题;第二、地理广度,不仅涵盖中国东西南北,也有中日比较;第三、学科综合性,每篇论文都是针对研究对象地区的环境问题特点,由不同学科的学者共同研究得出的成果,虽然不尽相同,但基本涵盖了理、工、农、医以及人文社会学科;第四、前沿性,相关内容不仅包括环境领域最前沿的环境DNA 技术的介绍,也有关于环境新概念"生态健康(Ecohealth)"的说明。

　　本书将为国内的环境学界介绍更多的相关研究的先进手法及前沿理念,可加强一般读者对解决环境问题重要性的理解,亦可对促进包括中国与日本在内的多国间的环境领域合作起到积极作用。

图书在版编目(CIP)数据

　　探求环境问题解决之道:人与自然和谐共存/日本综合地球环境学研究所·中国环境问题研究基地编译.--上海:同济大学出版社,2017.3

　　ISBN 978 - 7 - 5608 - 6775 - 5

　　Ⅰ.①探…　　Ⅱ.①日…　　Ⅲ.①环境保护—研究
Ⅳ.①X

　　中国版本图书馆 CIP 数据核字(2017)第 037851 号

探求环境问题解决之道——人与自然和谐共存

[日]综合地球环境学研究所·中国环境问题研究基地　编译

责任编辑： 　陆克丽霞
责任校对： 　徐春莲
装帧设计： 　陈益平

出版发行　　同济大学出版社　www.tongjipress.com.cn
　　　　　　　(地址:上海市四平路 1239 号　邮编:200092　电话:021 - 65985622)
经　　销　　全国各地新华书店、建筑书店、网络书店
印　　刷　　常熟市华顺印刷有限公司
开　　本　　787 mm×1 092 mm　1/16
印　　张　　11.25
字　　数　　225 000
版　　次　　2017 年 3 月第 1 版　　2017 年 3 月第 1 次印刷
书　　号　　ISBN 978 - 7 - 5608 - 6775 - 5
定　　价　　50.00 元

序　言

　　为了展开并解决与地球环境问题相关的综合性研究，2001 年综合地球环境学研究所（以下简称为地球研），作为日本文部科学省的大学共同利用机关*之一创设于京都。随着 2004 年国立大学的法人化，地球研与其他 5 个研究机构共同组成了人间文化研究机构。

　　对环境的研究，例如温室效应，生物多样性的消失，沙漠化等不同的问题，迄今为止是由不同的学科领域相对独立地进行的。其中心在于从自然科学层面阐明地球的气候和生物多样性的发展过程。然而，环境问题是源于各种各样人类活动的结果，即便在自然层面上对个别问题的发展过程进行了分析说明，环境问题也得不到根本的解决。需要阐明的是，人与环境的关系，以及环境问题是如何产生的。地球研基于"地球环境问题的根源在于人类文化的问题"这一认知，针对地球环境问题的解决，以阐明人与自然相互作用的循环过程以及探究解决环境问题的方法和可能性为使命。地球的自然环境根据地域的不同存在多样性，同时还有多样的人群居住其中，这些人群拥有的文化和历史背景也是各不相同。可持续发展的，同时未来也可行的人与自然共存的方式也是多样且复杂的。因此，地球研通过综合自然科学、人文科学、社会科学的跨学科性研究，再加上与社会的合作，摸索人与自然和谐共存之道，真正意义上解决地球环境问题。

　　为了实现上述"通过跨学科以及社会合作的方法，来研究地球环境问

　＊　大学共同利用机关是日本文部科学省对于所属研究机构的一种称呼，意味着这些研究机构在做研究的同时，也为日本的国立大学、公立大学以及私立大学提供研究咨询和研究设备的服务。

题的解决对策"的目标,地球研采用了"研究项目"方式。这一方式通过和国内外的大学、研究机构以及行政或 NGO(Non-Governmental Organization,非政府组织)等机构合作,针对各种课题组织综合性研究小组,在规定的年限中对明确的目标进行研究。研究项目从许多调查对象社区中获得提案,以此为基础,包括海外的有识之士在内的评审者对提案进行评审,决定采用与否,并通过严格的中期检查和结项审核以保证研究水平的先进性。

地球研自创立以来,针对中国在高速的经济发展过程中所面临的各种环境问题,通过大量地球研的项目从多个角度对人类与自然的相互作用的循环过程进行分析研究,致力于解决这些问题。与此相应,作为地球研所属的人间文化研究机构所实施的地域研究促进事业"现代中国"研究的一部分,地球研内部于 2007 年设立了"中国环境问题研究基地"。中国环境问题研究基地在与早稻田大学,庆应大学,京都大学,东京大学,东洋文库等其他单位进行合作的同时,也得到了地球研内与中国环境问题有关项目的协助,取得了以下的成果:①综合整理地球研科研项目的研究成果;②在中国的环境问题上,探索以中日为代表的海内外研究机构间的合作,建立与中国环境研究相关的国际性研究网络;③奠定了地球研在中国的环境研究基础,发掘了新的中日合作环境研究的可能。在 2007—2011 年的第一个 5 年研究期和 2012—2016 年的第二个 5 年研究期中,分别以"中国的社会开发和环境保护"以及"全球化背景下的中国环境问题和东亚成熟社会问题的探索"为主题,在日本和中国召开国际研讨会,出版了《中国的水环境问题——开发带来的水资源不足(2009)》,《湖的现状和未来可能性(2014)》,《流域管理和中国的环境政策(2015)》等书籍,以及通讯杂志《天地人》,同时还面向北京大学、南京大学的本科生及研究生举办了"地球环境学讲座"等。

本书严选并翻译了部分地球研创立以来以中国和周边地区为对象实施的研究项目中有代表性的成果(书籍、论文等),以论文集的形式出版。针对中国在高速的经济发展过程中所面临的各种环境问题,通过大量地球研的项目从多个角度对人类与自然的相互作用的循环过程进行分析和研究并取得了相应的成果,此论文集正是这些成果的汇总。

本书共收录 10 篇论文,分为三大主题。第一部"人与水",汇集了从历史的观点出发探讨"中国西北部的干旱、半干旱地带人们如何应对水资源的环境变化"的相关论文。第二部"地域生态史"讨论了中国多样化的生态环境以及各种生态环境中人们的生计。第三部"人与自然研究的新发展"中,就中国的湖沼污染这一严重的环境问题,以鲤鱼疱疹等在鱼类中出现的问题为出发点,提出了"Ecohealth 生态健康"这一表现了人类与环境新关系的概念。

通过本书的出版,向中国环境领域的学者与学生,向有兴趣于地球环境问题的广大读者们传达中日合作取得的研究成果。同时,更希望能向他们传达地球研的理念,即:地球环境问题的根源在于人类文化的问题,解决这一问题需要跨学科的研究和全社会的帮助。

综合地球环境学研究所·中国环境问题研究基地负责人
Jumpei Kubota

目录

第三部　人与自然研究的新展开

第一部　人与水

丝绸之路上的水与人 [*]

窪田顺平

1 引言

对人类而言,水是十分复杂的存在,缺之不可但又不可过多也不可过少。地球上的水无关人类需求而依据自然不断循环着。人类本该适应自然使其保持平衡,而一旦平衡被打破从而出现问题的话,一定是源于人类的肆意行为。产业革命以来,大量排放 CO_2 等温室气体、砍伐森林、灌溉作物等大规模改变地表状态的人类活动,渐渐对地球的水循环产生了深重的影响。如果从更长的时间范围来看的话,人类的历史可看做是一部人类不断适应水等自然资源过多、过少或是不均衡的这种时代性变化的历史。

从资源角度来看,水最大的特点就是它属于可循环资源。水在大气、海洋、陆地等地球上的各种地方循环着。在水的循环过程中,以海洋、河流、湖沼、地下水、冰雪等形态暂存于不同地点的水量,在一年周期内基本能恢复到原本的状态。因

此,只要使用量不超过循环中的水量,从这一角度来看,水便是可持续利用的无限资源。另一方面,大气以雨雪的形式为陆地带来的降水量,在空间和时间上存在着严重的不均匀分布。地区性降水量的差异和另一个构成气候的主要因素气温,共同给地区植被的种类等地表状态带来了很大的影响。

赤道附近的大量水蒸气和受热上升的大气在形成降水的同时朝南北极方向移动,在临近纬度 $20°\sim30°$ 的中纬度地区时形成下降气流,从而形成了地面上的干旱地带。正是在这种大范围的大气流动和陆地分布不均的相互作用下,北半球形成了从欧亚大陆东部的蒙古国,至中国西北部、中亚、中东、近东甚至绵延到北非的干旱地带。本文从人类利用水的形式及其对环境产生的影响这一视角,审视广大干旱、半干旱地区,尤其是欧亚大陆中部人与水的关系的变迁。

2 丝绸之路与中央欧亚大陆

2.1 欧亚大陆中部的景观

欧亚大陆的中部不仅有塔克拉玛干等大沙漠,还绵亘着天山、阿尔泰山脉、帕

---

* 原载于[日]秋道智彌编《水と文明——制御と共存の新たな視点》昭和堂 2010:173-204.

米尔高原等带有冰川的高山。高山和冰川的存在,给横跨欧亚大陆和非洲大陆的广大干旱、半干旱地区带来了与众不同的景观。这里的景观大致由带有冰川的高山水源地带、中游山麓的扇形地带和下游的沙漠地带这 3 种组合而成。河流多半于下游的沙漠地带形成河口湖,或是消于沙漠中。它们都是不流向大海的内陆河。

欧亚大陆中部的气候,以塔克拉玛干沙漠北侧的天山山脉为界,降水的季节性模式相异。天山山脉以北,形成降水的水蒸气主要来自西侧大西洋和地中海吹来的偏西风。因此,天山山脉以北地区属于冬雨型气候,一二月份和早春三月到四月的降水量多。年降水量则是西部地区多,哈萨克斯坦阿拉木图的年降水量约为 700 mm,往东则降水量递减,至中国新疆维吾尔自治区的首府乌鲁木齐时,年降水量已经减少到了 270 mm。而且气候也变成了冬季降水少,初春和九月前后降水较多的夏雨型。天山山脉以南地区,主要由印度洋吹来的季风带来水蒸气,夏季为喀喇昆仑山、喜马拉雅山脉南侧带来大量降水。大部分的水蒸气越过喜马拉雅山脉、青藏高原甚至昆仑山脉并化为降水。而北面被天山山脉、南面被昆仑山脉、西面被帕米尔高原包围的塔克拉玛干沙漠,各方向的水蒸气供给都受到了限制,因此成

了欧亚大陆中部降水量最少的地区,年降水量不足 100 mm。

塔克拉玛干沙漠以东,昆仑山脉连着青藏高原北侧形成的祁连山脉。祁连山脉和塔克拉玛干沙漠东侧延伸出的沙漠地带之间夹着一块扇形区域。此处就是被称为"河西走廊"的地带,它与下文将要论述的"丝绸之路"相通,是连接东西的交通要道。

即使是位于干旱、半干旱地区,高山地带也富于降水。而且,冰川将降下的雨水以冰雪的状态储存起来,夏季时它们消融为河水从而为地区提供稳定的水源,起着天然储水池的作用。在分布于高山至山麓的扇形地带,自古以来就有人类利用高山水发展绿洲农业的历史。

2.2 中央欧亚大陆

中央欧亚大陆原本是一个文化性地域概念,指的是欧亚大陆中部乌拉尔-阿尔泰语系各民族居住的地区。自 20 世纪 60 年代匈牙利籍阿尔泰学者丹尼斯·塞诺(Denis Sinor)首次使用这个概念以来,它渐渐在日本也得到了广泛的使用(小松久男,2000)。在地理范畴上中央欧亚大陆指的是东至东北亚,西接东欧,北临北冰洋,南沿黄河、昆仑山脉、帕米尔高原、兴都库什山脉、伊朗高原、高加索山脉的广阔区域。当考虑干旱、半干旱地区水资

源利用的问题时,水源的种类和稳定性以及季节性变化等特性是要点。从水源稳定性和水量大小的意义上来说,水源源头位于带有冰川的高山地区。在欧亚大陆的干旱、半干旱地区中,对于带有冰川的山岳地区为源头的区域,它的范围东起祁连山脉到与阿尔泰山脉相连的蒙古国西部地区及环抱于昆仑山脉、天山山脉等的新疆维吾尔自治区大部分地区,西则至中亚各国。换言之,本文所用的"中央欧亚大陆"这一术语及主要研究对象,是指位于欧亚大陆中部,以冰川为河流源头的地区。另外,"中亚"这一用语所指代的国家,也有历史性变迁,存在数种说法。本文所用的"中亚"是指原属苏联的哈萨克斯坦、乌兹别克斯坦、吉尔吉斯斯坦、塔吉克斯坦和土库曼斯坦这5个国家。

2.3 连接绿洲的丝绸之路

中央欧亚大陆的绿洲不仅是进行农业生产的场所,也是连结东西方贸易的结点,同时也是人们所说的丝绸之路。"丝绸之路"这个词,最初来自19世纪德国地理学家费迪南·冯·李希霍芬(Ferdinand von Richthofen)在 *China*(1877)一书中所用的"Seidenstrassen"(德语"丝绸之路"之意)一词。后来李希霍芬的弟子斯文·赫定(Sven Hedin)出版自己最后一次探险的游记三部曲时,用了"丝绸之路"作为其

中一本的书名,从此这个词变得十分有名。赫定的探险以"游移的湖"罗布泊为代表,他与马尔克·奥莱尔·斯坦因(Sir Marc Aurel Stein)齐名,同为知名的中亚探险家。赫定在初版的瑞典语版和后来的德语版、英语版中都用了单数形式的"丝绸之路"作书名,然而实际上丝绸之路并非只有一条路,而是由多条路线组成的。有人认为,丝绸之路这个词给人的印象是将中央欧亚大陆这个地区性概念看成单纯的东西方贸易之路,很容易使人们忽视地区的独特性。中央欧亚大陆本是一个在悠久的历史长河中集成了独特文化的地区。然而,一般而言,中央欧亚大陆是一个听起来颇为陌生的用语,因此本文用了"丝绸之路"做标题。

此外,这条横亘东西的带状干旱地区的北侧降水量较多,分布着从蒙古国至哈萨克斯坦,甚至经高加索山脉至匈牙利的草原。因此,这片连结东西向的区域亦可称为草原之路。在与绿洲农业比肩的干旱、半干旱地区,人们代表性的生产生活方式是游牧,游牧人在这"草原之路"的空间内迁移往返演绎出了他们的盛衰兴亡。当然绿洲城市或是绿洲农业,也应当理解为是与这种游牧业复合而生的生产生活方式。

3 滋润绿洲的地下水渠"坎儿井"

3.1 地下水渠"坎儿井"

说到绿洲,可能很多人联想到的是那些使用沙漠中涌出的泉水的规模较小的城市或村落。确实存在这样的绿洲,但是中央欧亚大陆或说丝绸之路上的绿洲,大都是利用高山地区流出的河水的大规模农业地区。

按水源种类对绿洲进行分类的话,有以泉水(涌泉)、河水为水源的绿洲,还有使用地下水的绿洲。后者主要通过地下水渠收集扇形地的伏流进行灌溉。这种地下水渠被称为坎儿井。在山麓的扇形地挖直径 3 m 左右的竖井直至地下水层,然后向着更低的山脚方向,每间隔 20~30 m 再挖竖井,最后在井底挖平缓倾斜的横向渠道将竖井连接起来。利用这些横渠将地下水引至平地(图 1),作为农业用水和饮用水。横渠最长可达数十千米。竖井在完工后则用于修理和通风。扇形地中通常都按直线挖掘横渠,竖井则沿这条直线分布,因此很容易在航拍和卫星图像上确定其位置。一般认为这种地下水渠的发源地在西亚,特别是现在的伊朗。虽然起源的具体时间不明,但是有记录表明公元前 2000 年的伊朗已经开始使用坎儿井了(冈崎正孝,1988)。此后,建造坎儿井的技术广泛传播到周围的干旱、半干

旱地区。在此传播过程中,这项技术的名称也发生了变化,在伊朗被称为坎纳孜(qanāt),在阿拉伯半岛被称为法拉基(falaj),在北非被称为佛嘎啦(foggara),在摩洛哥被称为哈塔拉儿(huttaler)或卡塔拉(khettara),在阿富汗、巴基斯坦和中国的新疆维吾尔自治区则被称为坎儿孜(kariz)(汉语写作坎儿井)。

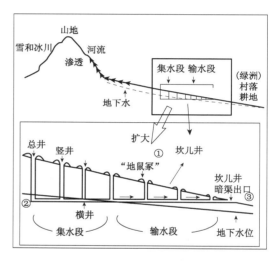

图 1 坎儿井示意图(渡边三律子 原图)

据称坎儿井发源地的伊朗扎格罗斯山脉和厄尔布鲁士山脉周边地区的降水量原本就非常少。因此,坎儿井在无大河流经的地区和一般少有河流的山脉中的小片扇形地等处得到了应用。坎儿井不仅要挖竖井还要挖连接竖井的横渠,因此整个工期要花费较长的时间。但是一旦完工,由于水因重力会流向低处,所以人

6

类即使不提供动力，也能获得水资源。坎儿井是在扇形地堆积层中挖成的，很容易坍塌，因此需要修补，但是比起普通的竖井，取水时不需要消耗能量，从这点来看是非常合理的设计。

3.2 传播到各地的地下水渠

在中国，吐鲁番的坎儿井很有名（图2）。吐鲁番坎儿井的起源及吐鲁番哈密地区等以外少有坎儿井的问题，不仅在中国国内，在海外也对此展开了广泛讨论。笔者认为，简单来说包括中国境内的大部分中央欧亚大陆的绿洲，原本是依靠源自高山具有较大径流量的河水形成的，与少有大河的伊朗等西亚、阿拉伯半岛和北非等的情况不同。因此，才会出现上面所述的这种情况。

此外，中国以西的哈萨克斯坦、乌兹别克斯坦等国的绿洲城市，使用坎儿井的例子也不多见。撒马尔罕及布哈拉等著名绿洲城市的河中地区（英语为 Transoxiana，意为阿姆河对面），阿拉伯语为 ماوراء النهر（意为河对面），有阿姆河及其支流泽拉夫尚河、锡尔河等作为水源，人们主要利用河水灌溉，因此使用地下水的必要性就较低。其中，锡尔河上流的费尔干纳盆地水源丰富，自古一直是肥沃的农业地区，这里有许多坎儿井。另外，哈萨克斯坦西南部的突厥斯坦（Turkestan）绿洲

（a）地表的"地鼠冢"

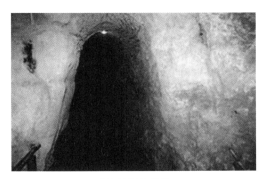

（b）地下的横井

（c）暗渠出口

图 2　吐鲁番盆地绿洲的坎儿井照片
（摄影：渡边三律子）

或是被称为索伦（Sauran）的地区也有几处坎儿井。

4　日本的地下水渠"Mambo"

　　虽然有些偏离本文的研究范畴，但笔者想提一下几乎与坎儿井具有相同构造的日本的地下水渠。

　　这是一种被称为 Mambo 的地下水渠（图3），分布于日本三重县铃鹿山脉东侧山麓地区的铃鹿市、员弁市、四日市、菰野町等地，如今有一部分仍用于灌溉（小堀严，1988）。现存最大的 Mambo 是位于员弁市大安町的"片樋 Mambo"，全长约为 1 000 m，是灌溉面积可达 7 ha 的大型设施。日语中用"间风""间保""间步""万法"等汉字作为 Mambo 的音译字。有一种说法称 Mambo 这个词来自矿业用语"间府"（音为 Mabu），Mabu 的发音后来演变成了 Mambo。Mambo 的构造与坎儿井

图3　日本三重县的 Mambo（摄影：渡边三律子）

几乎相同，但 Mambo 是从下游开始往上游挖掘的。爱知县的知多半岛和岐阜县的垂井盆地也发现了不少类似的地下水渠。

　　日本的降水量远远高于西亚等地，因此选择了适当的农作物的话，完全可以单靠雨水。但是要开垦水田的话，就需要进行灌溉。因此，地下水道是为了在扇形台地上获取水源而开发出来的。在这些地下水渠中，有些没有竖井，以蓄水池等为水源，简单地连接了水源和水田。现存记录表明历史最悠久的是江户时代初期（17世纪）的地下水渠。当时日本各地的矿山开发十分兴盛，目前日本国内很多地方还有那一时期挖掘出的简单的地下水渠。从技术层面来看，日本的地下水道技术并没有受西亚坎儿井的影响，应该将其视为在日本采矿技术延长线上独立衍生出来的。

　　我们可以看到，即使是在干旱、半干旱地区，水资源的紧迫程度和水源的种类也存在地域差异，形成了与用水相关的不同传统体系和文化，譬如缺乏河水滋养的地区开发出了坎儿井这种利用地下水的技术。此外，即使在降水量较高的日本以及干旱、半干旱地区中河水较为丰富的费尔干纳盆地等，随着水需求量的提高，人们也开始使用坎儿井或与之类似的地下水利用体系，这其中也存在某种技术上的

共通性。坎儿井等地下水渠的共通性,恐怕是以矿山隧道挖掘这类某种程度上遍存于世的技术为基础的。

5　干旱、半干旱地区的灌溉农业和水资源问题

在干旱、半干旱地区绿洲上发展的农业,其规模和技术随时代变化,其面积也渐渐扩大。虽说如此,中央欧亚大陆因受水资源制约,到 20 世纪初或是 20 世纪中期为止,大量的土地都未被用于农业。也就是说,这些地区光照、气温等影响农业生产的气候条件都不错,但因水资源的制约,一直只能作为潜在的农业可用地,处于无人开发的状态。进入 20 世纪中期后大规模的土木工程使水渠的挖掘和动力抽水泵的使用成为可能,而且人口的增加加大了增产食物的必要性,在此背景下中央欧亚大陆在 20 世纪后半期,同北美、澳大利亚一样也开始了大规模的灌溉农业用地的开发。特别是在当时属于苏联的乌兹别克斯坦和哈萨克斯坦,流入咸海的阿姆河和锡尔河的水资源及其周边的广袤土地备受关注。苏联在这里大规模地开垦灌溉农业用作棉花栽培基地,以获取珍贵的外汇。这使现在的乌兹别克斯坦成为棉花产量世界第五,出口量世界前三的棉花生产大国。但是为此付出的代价却是过去一直为沙漠提供丰富水源且面

积百倍于日本琵琶湖的世界第四大湖泊——咸海的湖面面积急剧缩小,这不仅导致了缺水还引发了各种环境问题。中国的新疆维吾尔自治区、甘肃、青海等地使用河水的农业开发不断发展,引发了诸如湖沼面积缩小、河畔林衰退、干涸的湖底成为沙尘暴的来源等各种环境问题。

现代农业发展带来的悲剧已经十分明了,那么过去的农业是否是可持续发展的呢?下文笔者将从历史发展过程的角度,审视干旱地区灌溉农业用地开发给水循环及环境带来的影响。

6　咸海的湖面变化及人类活动的影响

6.1　咸海的变迁

如前文所述,进入 20 世纪 60 年代后,因上游农业开发导致流入湖中的河水水量减少,世界第四大湖咸海的湖面面积于 2007 年骤减到了 1960 年同比 10% 左右。其结果便是咸海渔业崩溃,以及干涸的湖底卷起尘埃引发的诸多健康问题等,这渐渐地被人们称为 20 世纪最大的环境悲剧。然而讽刺的是,湖水干涸后,沉于湖底的村落遗址得以发现,人们可以观察到阶地面和滨线等能显示过去湖水水面变化的地形,而且更容易收集湖底堆积物的样本,这成了解析沉积于湖底的过往环

境变化的契机。

其中,以德国为首的欧洲及中亚的研究者们开展了以考古和地质学为中心的跨学科研究项目"CLIMAN",分析了湖底堆积物的取芯钻探物,调查了湖底的遗迹,还对湖岸地形进行了详细的调查,从而查明了过去咸海水位及环境变化的详情(Boroffoka et al,2006)。结果显示,这两千年来咸海的面积发生了大幅变化,14—15世纪咸海湖水水面几乎下降到与现在相同的程度(图4)。

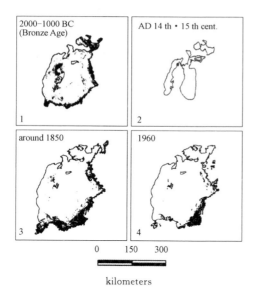

图4 咸海湖面变迁复原图(引用自 Boroffoka et al,2006)

其原因有:①原本流向咸海的阿姆河和锡尔河中,阿姆河的流向在这一时期发生改变,直接流向了里海;②气候变化导致降水量减少使得流入咸海的河水水量变少;③阿姆河、锡尔河中游的绿洲城市不断开发灌溉农业用地,水资源消耗变大导致流入咸海的河水水量变少;等等。

关于阿姆河转流流向里海的现象,以欧美研究者为中心的一种观点根深蒂固,即这是人为造成的水位下降,源于成吉思汗的军队在远征中亚占领撒马尔罕和布哈拉等绿洲城市时,破坏了灌溉设施和阿姆河上的取水设施。可以说这种观点是欧洲历史观的一种表现。在俄罗斯等曾经受成吉思汗军队侵略的国家和地区,人们常常说那时的都市遭到了残暴的破坏。伊朗等地也流传着"灌溉设施全遭蒙古军队破坏"的说法。但即便是在那些声称遭到了彻底破坏的中亚绿洲城市中,也没有城市彻底灭亡,大部分城市都在较短时间内完成了复兴。中国在元朝时,就像王祯所著《农书》就有奖励农耕的记载,河西走廊等地也积极开发农业。至于对城市及其灌溉设施等基础设施遭受的破坏,从之后统治的角度来考虑,显然不合理,所以前面那些说法很有可能是有些夸张了。

笔者在写这篇论文的时候,有机会参加了一个与咸海相关的国际研讨会。当时,笔者于前文中提到的"CLIMAN"项目主要成员、致力于中亚考古学调查的德国学者保罗佛卡(Nicolaus Boroffoka)博士也参会了。保罗佛卡博士在他的发表中

10

提到了阿姆河的流向变迁,他说在考古学调查中没有发现可以指向人为破坏的证据,所谓的成吉思汗破坏论恐怕是一种政治性的渲染。

即使人的行为不能使河流改变流向,但实际上已十分发达的阿姆河、锡尔河流域的灌溉农业用地消耗水资源的影响、气候变动甚至是地震的影响等都是复合型的,今后有必要进行更为详细的调查。

6.2　中央欧亚大陆的气候变动

近年来的研究持续表明,咸海水位下降时,其附近的湖泊同时期几乎都出现了水位下降。此次,我们综合地球环境学研究所主持的伊犁项目与哈萨克斯坦游牧文化遗产研究所等机构共同对咸海东侧巴尔喀什湖的湖底堆积物进行了分析。结果表明,咸海和巴尔喀什湖的水位下降几乎是同时期发生的(远藤邦彦等,2009)。此外,位于吉尔吉斯的伊塞克湖也在同一时期发生了水位下降。结果还指出,流入河流的流向变化对咸海的水位下降起到了重大影响,但考虑到巴尔喀什湖和伊塞克湖等湖泊在同一时期也发生了水位下降,因此当时中央欧亚大陆大部的降水量很有可能减少到了能够引发湖水面积缩小的程度。

根据中央欧亚大陆过去两千年间的气候情况(Yang et al, 2008),可以得出湿润期为公元元年—公元 410 年、公元 650—公元 890 年、公元 1500—公元 1820 年,干旱期为公元 420—公元 660 年、公元 900—公元 1510 年。而且气温与欧洲一样出现了中世纪温暖期(9—12 世纪)和寒冷的小冰河期(15—18 世纪)。中世纪温暖期自 10 世纪起干旱化愈发显著,而小冰河期的特点自然是湿润。将这个结果与咸海、巴尔喀什湖、伊塞克湖等湖泊的水位下降现象结合起来考虑,会发现咸海和巴尔喀什湖的水位下降发生在中世纪温暖期 10 世纪以后的干旱化时期,也就是温暖且越来越干旱的这一时期。而小冰河期则因为其寒冷且湿润的气候,使得已经缩小的湖面面积逐渐恢复。一般寒冷期较为干燥,温暖期较为湿润,但研究结果显示在特别干旱的地区,也存在不适用于这种通俗理解的情况。

6.3　绿洲地区的水资源利用

如今上述的气候变化多大程度上影响了人们的生活,在中央欧亚大陆上能举出实证来说明的例子并不多。特别是具体到以河流灌溉为主的绿洲农业时,消耗多少水资源对咸海水位产生多大的影响等定量研究尚未展开。其中,围绕哈萨克斯坦西南部河中地区泽拉尚夫河沿岸讹答剌这一绿洲城市遗址,有不少很有意义的研究探究了其水网的历史性发展并推定出了由此所获得的灌溉水量和农作物收成,在此略作介绍。

克拉克等人(Clarke et al,2005)并用低空拍摄和挖掘的方法,首先明确了占地约 200 km² 的讹答剌绿洲周边的水渠分布及各年代的变迁。他们发现河流取水口曾数次改迁至更为上流处用以扩大灌溉农业用地的面积,这明确显示了水渠网的扩大。他们接着对照水理学形状调查了水渠横断面的形状、大小与倾斜度等,从工程学的角度推测出了水渠网能够输送的水量。他们还根据复原出的气候信息和栽种植物的相关考古学信息,最终推测出了绿洲的人口变迁。关于推测人口的方法,并没有详细记录,其中应该加入了各种各样的假设,推测认为约在公元200—1350 年间人口几乎增加了 1 倍。该结果与其他考古研究估算出的人口变迁大体一致。当然可以推测出的是农业生产力的增加必然伴随水资源的消耗,这影响了流向下游的水量甚至是流向咸海的水量。这项研究非常有意义,不过这只是咸海流域大量绿洲城市中的一个例子,很难说明全流域各时代的人口和农地等的情况。但是复原气候变动,定量考察人类活动造成的影响,正确认识其历史变迁,这对今后考虑干旱、半干旱地区的未来是不可或缺的。

7 黑河的水资源变化及人类的适应

干旱、半干旱地区现代化灌溉农地的开发,大幅改变了流域的水循环,引发内陆河河口湖的消亡和河流断流等,这些不仅限于咸海,而是普遍发生于中央欧亚大陆各地。

即使是流经新疆维吾尔自治区塔克拉玛干沙漠的中国最大内陆河塔里木河,伴随其中游流域的农地开发,下游地区也出现了严重的水资源不足。赫定和斯坦因也曾围绕干涸已久被称为“游移的湖”的罗布泊湖的所在位置,展开了多次论争。此外,位于河西走廊、流域面积仅次于塔里木河的中国第二大内陆河黑河,也因其中游的张掖、酒泉等绿洲农业地带的用水需求增加,使 20 世纪 90 年代后期其河口湖几乎消失殆尽。关于黑河地区的人类活动及其对水循环的影响,笔者已经做过报告(窪田顺平,2009),特别是 1950 年以来河流断流、下游地区地下水下降、植被衰退及河口湖的消亡等水资源不足问题愈发严重。在此,笔者将对黑河水资源利用的历史变迁进行探究。

7.1 黑河概要

笔者想先介绍一下黑河的基本情况。黑河发源于祁连山脉。由祁连山入甘肃省,中游流经自古就拥有兴盛的灌溉农业的张掖、酒泉等绿洲城市,最终消于内蒙古自治区的沙漠地带,全长约 400 km,流域面积为 13 万 km²,是中国第二大内陆河。其流域面积之广相当于日本国土面积的 1/3。黑河上游的祁连山脉上有冰川,年降水量约为 600 mm。中游的绿洲地区年降水量为 100~200 mm,下游的沙漠地带年降水量则不足 50 mm。中游绿洲地区广泛分布着利用河水和地下水的灌溉农地。下游地区则主要利用地下水发展农业,此外还利用绿洲及河流周边或是沙漠中分布着的有限的植被来发展游牧业。

7.2 下游的变迁

黑河地区的农业最初起源于西汉时期,当时汉朝在与北方游牧民族匈奴的战斗中,将黑河中游的张掖、酒泉一带至下游的额济纳周边地区作为军事要塞派驻军队。驻扎的军队为了自主获得粮食而开始发展农业,也就是所谓的屯田兵。下文将根据井上充幸(2007a)和森谷一树(2007)的研究成果,试总结这一时期之后黑河地区农业发展的变迁。

黑河下游现在还存有一些被认为是当时汉朝的遗迹、水渠和农地。汉朝的遗迹和农田遗址分布广泛,据此预测出的农地面积是历史上最大的。其后史料中也记载了唐朝在此地设有军事据点,但是具体位置等并不明确。之后又重新积极发

展下游地区农业的时期为 10 世纪后的西夏至元朝。西夏是以现宁夏回族自治区首府银川为都城发展起来的王朝。西夏的势力也延伸到了黑河流域,将哈拉浩特(黑水城)作为了一个据点。而在西夏被征服后的元朝,黑水城依旧作为黑河下游的中心继续繁荣着,城郭范围也得到了扩大。当时鼓励农业发展,这里同汉朝时一样开展了广泛的农业生产。但是明朝以来下游的农业急速衰退。从灌溉水渠遗址中提取到的样本的年代分析也证实了,明代以后这些水渠遭到废弃,农地又变回了沙漠。在此状况下,黑水城整个城市也成为弃城。下游重新成为游牧民族的世界,这种情况一直持续到中华人民共和国成立后推动国家性的农业开发为止。

7.3 中游的农业开发

另一方面,一般认为黑河中游流域的农业开发也和下游流域一样始于汉朝,两者规模基本相同,只是具体情况还不明确。进入唐朝后进行的正式农业开发也留下了记录。据说 5 条主要水渠均修筑于唐朝,并沿用至今。虽然许多史料中都留有当时的人口统计,但不能确定这些记载在多大程度上考虑了游牧民族和流动人口的数量,不过即便是这些记录的准确度有待考证,我们还是可以看出这一时期人口得到了大幅度增长。中游流域的农

业开发到了元朝也依旧持续。张掖现存的水渠中，存在许多明显不是汉语名（可能是蒙古语）的水渠，笔者认为这些水渠修建于元朝，当时张掖周边持续进行着大规模的农业开发，这一情况持续到了明朝，进入清朝后在当时的技术条件下可进行灌溉的地区已经开发殆尽，基本达到了饱和状态。几乎所有现存的水渠都能在记录当时灌溉水渠网的地图上找到。清朝的前半期特别是 17 世纪末到 18 世纪，即使是黑河中游靠近下游的地区，也常常因为农忙时节水资源需求的增加而断流，从而引发了严重的用水纷争。中游流域的许多乡村间频发用水纷争，单凭各乡村无法协调，最终由中央政府发布了综合调整全流域水资源问题的"黑河均水制度"，这才解决了上述问题（井上充幸，2007b）。此"黑河均水制度"长期以来一直作为黑河水资源管理制度的基础，水的分配量等具体内容虽有所改变，但制度本身一直沿用至今。

7.4 农业开发的影响

农业开发对黑河河口湖的面积变化等水循环带来了怎样的影响呢？坂井等（Sakai et al, 2009）依照考虑到冰川溶解和水文学物理学过程的数据模型，复原了黑河源头山区到中游扇形地的河流流量。下文中将参考这一研究，同时关注下游的绿洲城市黑水城被废弃一事来展

开讨论。笔者的论述中包含大量的假设，也许可以说是有些大胆的试论，这一点还敬请谅解。

一般认为西汉屯田兵入驻之前，黑河地区并没有进行过大范围的农业开发，当时河口湖的面积接近 2 000 km²。据推测汉朝时的农地面积，特别是下游地区的农地面积恐怕比现在的范围更广。虽然中游流域的详细情况尚不明确，但基本与下游流域的农地面积相同。假设这些农地中的大多数需要灌溉，则可推定出汉朝农业鼎盛期的水资源消耗达到了使河口湖面积减半的程度。中游地区的农业开发则到该地区获得政治性安定的唐朝才变得活跃起来。这种倾向一直持续到了西夏和元朝。考虑到西夏和元朝时期下游流域的农业开发也极为繁盛，从流域整体的农地面积来看的话，可以说这一时期是历史上农业最为发达的时期。进入明朝后迎来了小冰河期，上游河流流量的水供给减少，下游流域出现严重水资源不足的可能性很高。不过气候变动导致的上游河川流量减少现象，此前也曾发生过数次，因此并不能肯定这一时期的水量减少很多。不如将这一时期的缺水认为是中游流域农业的持续发展带来的水资源消耗所致的。放弃哈拉浩特的原因，应该是明朝不具备在开始陷入缺水问题的下流流域积极开展农业政策的国力。在某种

意义上，这可以说是一种有意识的放弃。

清朝时虽然恢复了政治上的安定，但中游流域时不时发生缺水问题，所以下游流域可能无法获得开发新农地所需的足够的水资源。

但是，从明朝到清朝，中游流域张掖西侧的酒泉地区开凿了与坎儿井、Mambo相似的地下水渠（井上充幸，2008）。这些地下水渠不同于西亚的坎儿井，它们主要是为了在引河水入农地时避开沿途地形障碍而挖掘的水渠隧道。从技术上看这不能被认为是中国固有的技术，另一方面，它与坎儿井的技术性关联也不明确，井上充幸将其称为"仿坎儿井"。从年代上看，这同日本的Mambo一样，运用了矿山等相关技术修建的可能性很高。不管怎么说，这表明用普通水渠引河水这种方法进行开发的余地已经很小，所以采用了可以突破这种困局的新技术来开发。

8 结语

在本文的结尾，笔者想将话题拉回到现在。正如上文所述，为了将上游减少的河水流入量有效地用于维持咸海的水位，人们用水坝将其分成了大咸海和小咸海。这项保全措施使得小咸海的水位得到恢复，而大咸海只留下了极小的一部分，几乎消失殆尽。流域内各国不仅没有采取减少用水量等政策来恢复咸海消失的生态环境，而且上下游各国间关于用水分配的调节也依旧不尽如人意。黑河干涸的河口湖被认为是侵袭北京的沙尘暴的源头之一，现正在推进节水政策以恢复湖水。然而，由于农业方面的节水十分困难，因此实际上进行的是使用地下水作代用水源。结果河口湖确实得到了复苏，但是现在又出现了过度抽水导致地下水位下降的问题。

上述现实和过去的历史教会了我们什么呢？当面临缺水危机时，人们通过改设取水口、延长水渠、引入坎儿井或是挖掘地下水渠，甚至是抽取地下水等新技术，来适应事态变化并回避危机。可以说是技术进步使人类的活动空间朝着不断扩大的方向一路发展。但是，就像我们在黑水城的弃置、清朝的用水纷争激化和现在黑河地下水位下降中看到的一样，这一系列带来的问题绝不仅是气候变动等引发的，而是我们人类自身对其造成的影响。现在地球上不论是新的土地还是新的水源可能都在不断消失。并不是说没有进行节水型农业甚至是技术性发展的可能性，只是这些可能又会产生新的问题。因此，我们下一步所能做的应该是寻求思维的重大转变。

参考文献
井上充幸. 2007a. 灌溉水路から見た黒河中流域

における農地開発のあゆみ[J].オアシス地域研究会報,6-2:123-135.

井上充幸.2007b.清朝雍正年間における黒河の断流と黒河均水制度について[M]//井上充幸,加藤雄三,森谷一樹編.オアシス地域史論叢——黒河流域2000年の点描.246p,松香堂:173-192.

井上充幸.2008.張掖・酒泉地区の地下式灌漑水路とその歴史[J].砂漠誌ノート,5:51-53.

遠藤邦彦,小森次郎,相馬秀廣,等.2009.パルハシ湖2007年コアに基づく水位変動の推定—予報[J].オアシス地域研究会報,6-2:123-135.

岡崎正孝.1988.カナート イランの地下水路[M].276p,論創社:20.

小松久男.2000.中央ユーラシア世界[M]//小松久男編.中央ユーラシア史.456p,東京:山川出版:3.

窪田順平.2009.地球環境問題としての乾燥・半乾燥地の水問題——黒河流域における農業開発を例として[M]//中尾正義,銭新,鄭躍軍.中国の水環境問題——開発のもたらす水不足.223p,東京:勉誠出版:15-30.

小堀巌編.1988.マンボ—日本のカナート—」三重県郷土資料叢書第102集[R].三重県:三重県郷土資料刊行会:279.

森谷一樹.2007.居延オアシスの遺跡分布とエチナ河—漢代居延オアシスの歴史的復元に向けて—[M]//井上充幸,加藤雄三,森谷一樹編.オアシス地域史論叢——黒河流域2000年の点描.246p,松香堂:19-39.

BOROFFKA N, OBERHÄNSLI H, SORREL P, et al. 2006. Archaeology and climate: settlement and lake-level changes at the Ara Sea [J]. Ceomarphology, 21:721-734.

CLARKE D, SALA R, DEOM J M, et al. 2005. Reconstructing irrigation at Otrar Oasis. Kazakhstan, AD 800-1700[J]. Irrigation and Drainage:54-4, 375-388.

SAKAI A, FUJITA K, NARAMA C, et al. 2009. Fluctuations of discharge from Qilian Mountains in northwest China during the last two millennia[J]. Journal of Quanternary Sciences(submitted).

YANG B, WANG J, BRAUNING A, et al. 2009. Late Holocene climatic and environmental changes in arid central Asia[J]. Quaternary International, 194(1-2):68-78.

过去两千年间中国西北地区祁连山区出水量的变化及其对黑河流域农业区的影响 *

坂井亚规子、井上充幸、藤田耕史、奈良间千之、窪田顺平、中尾正义、姚檀栋

1 引言

在中国的干旱地区,周边山脉中的降水起到了供给沙漠及绿洲城市水源的关键作用。中国西北地区的黑河流域就属于这种干旱地区(图1(a))。该流域可被分为三部分:上游、中游和下游。处于上游的祁连山山峰被冰川覆盖。祁连山区北麓山脚的中游区域,坐落着绿洲城市张掖和酒泉。最后的下游河段被广阔的戈壁沙漠占据,黑河最终穿沙漠流入河口湖图(1(b))。

戈壁沙漠以南的高海拔山区降水量相对较大(300~500 mm/a)。与之形成对照的是北部的下游沙漠地带,几乎无降水(30~50 mm/a)(Wang、Cheng,1999)。沙漠地带的大部分降水都迅速蒸发,以至于水无法以地下水或河流的形式蓄积。因此,附近山地冰川中储存的降水就成了重要的水源(Wang、Cheng,1999)。而且,这些山区冰川和积雪的融水长期以来起着为居住在沙漠和绿洲城市中的人们提供饮用和灌溉水源的重要作用。然而,到了19世纪后期,由于灌溉面积的增加,黑河一些主要支流的径流水量都有所减少(Wang,Cheng,1999)。产生了季节性缺水等不利的环境影响,妨碍了祁连山区下游河段的农业生产。

Endo等(2005)分析湖泊沉积物后,将黑河流域下游河段的演变历史总结如下:下游河段可被分为两个主要部分,即居延三角洲(旧居延海湖)和额济纳三角洲(嘎顺淖尔和索果淖尔)(图2)。距今7500年前,居延海湖开始了急剧的扩张。然而,公元300年起随着居延三角洲沙丘的发展,河道逐渐向西转向额济纳三角洲,导致旧居延海湖的水位出现了下降。相反距今2500年前,河水开始流入索果淖尔,于是索果淖尔和嘎顺淖尔于公元1200年形成了较大的湖泊。如此这般,黑河流域的河道变化,使其下游河段的水文条件发生了显著变化。这些变化将在下一节阐述。

* 原载于 Water History (2012)4:177 - 196,Springer. DOI 10.1007/s12685-012-0057-8.

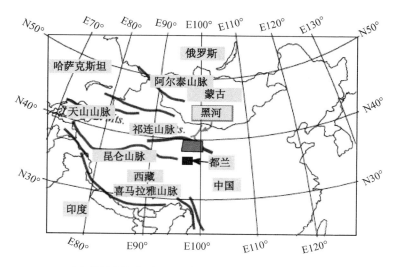

（a）黑河流域、祁连山区及都兰树木年轮样本地的位置图

注：粗实线表示山脉。

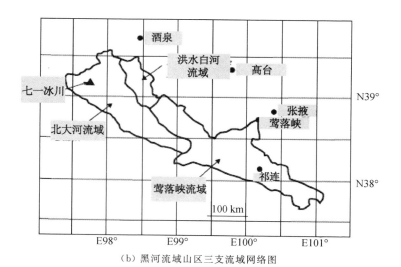

（b）黑河流域山区三支流域网络图

注：网络刻度为0.5径/纬度。

图1　中国黑河流域树木年轮及支流图

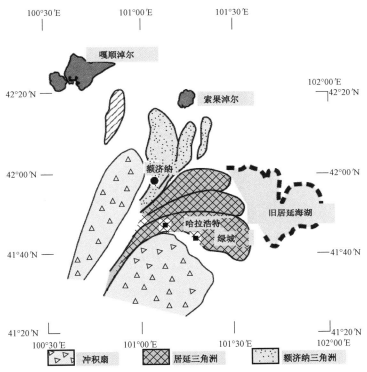

图2 黑河流域下游河段的湖泊和三角洲(笔者编辑作图,原图出自 Endo 等(2005),图1)

黑河上游河段由莺落峡、北大河和洪水白河流域(图1(b))组成。Sakai 等(2010)建立了计算黑河集水区中最大流域——莺落峡流域出水量的方法。Kang 等(1999)使用水文局水平衡部门模型(HVB 水文模型)模拟了气候变化导致的祁连山区的径流变化。他们得出的结论是:即使降水量维持一定水平,如果年气温升高 0.5℃,蒸发量的增加便会导致山区的年出水量减少。

学者们使用大量的冰川模拟数值,尝试给过去几十年中的冰川活动建模,并预测其对未来变化的反应(如:Greuell,1992;Raper et al,1996;Oerlmans,1997;Schmeits、Oerlemans,1997;Zuo、Oerlemans,1997;Smedt、Pattyn,2003;Linderholm、Jansson,2007;Yamaguchi et al,2008)。这些研究人员再现了既往冰川的长度或物料平衡的变动,并研讨了冰川长度对降水量变化的敏感度。然而,他们并未尝试再现冰川面积的变动,或是评估冰川出水量的变动。本文使用温度及降水量的代用数据，计算出了过去两千年间黑河水系 3 个流域的出水量。然后，对比计算出的出水量数据和历史记录，考察水文事件的发生时期是否与其吻合。我们研讨了这两组数据集间的相似性，结果表明这种方法可被用于分析包括黑河流域在内的中国西北地区的历史性洪水及干旱事件。

2 历史资料

Nakawo (2011) 就黑河流域的气候变化和水环境，整理概述了《居延汉简》《隋书》《通典》中相关的历史记录。下文将简述其中与水环境相关的内容。

汉朝晚期（公元 25—公元 220 年）的历史文献现已存世不多。然而，研究人员分析科罗纳卫星图像后，识别出了一个位于居延三角洲的古老居住点和灌溉网。当地出土陶器的年代分析和碳-14 年代测定的结果显示，居延三角洲上曾出现过两个灌溉农业的活跃时期，一个是汉朝，另一个则是西夏—元朝（公元 1032—公元 1368 年）。而且早在 2000 多年前，就已形成了一个较大的灌溉系统（Endo et al, 2005；Nakawo, 2011）。在魏、晋、南北朝时期（公元 220—公元 589 年），黑河水开始流入现在的索果淖尔（Endo et al, 2005），因此公元 300 年前后，旧居延海湖出现了较为迅速的缩小。位于居延三角

洲的灌溉用地随后被弃用，不过之后又有一个游牧民族迁居至此。在此期间（三国时期），河西走廊地段一共发生了 4 次旱灾（公元 271 年、公元 369 年、公元 399 年、公元 405 年）。到了隋朝（公元 581—公元 618 年），《隋书》（公元 605 年—公元 616 年）中仅提到了一次河西走廊，书中写道，那里有大片的土地，却几乎无人居住。该文献还记录了当时该地区小规模重置前线士兵的一些情况。

唐朝时期（公元 618—公元 907 年），陈子昂于公元 685 年上报了黑河中流域额济纳、甘州（今张掖）段等处的地情，他写道，灌溉农业仅开展到甘州（今张掖），这里是河西走廊的粮仓。陈子昂的上谏书中还对下游地区做了如下描述：居延湖在额济纳与黑河相汇；此处的农地以草地的形式延伸，可开展畜牧业；河湖之中还有很多鱼和大量的盐分。Endo 等（2005）发现，到了公元 300 年旧居延海湖的面积已经缩小了很多。陈子昂在上谏书中也提到，公元 685 年经历了蒙古高原为时 3 年的旱灾后，众多（具体人数不明）流离失所的人们来到了额济纳。

宋朝（公元 960—公元 1279 年）时期，中国的东部处于朝廷管治下，而黑河地区则主要被党项族人占据，为西夏王朝（公元 1038—公元 1227 年）所统。公元 1182 年，西夏在颁布的全书《圣立义海》中，描

述了冰川覆盖的山区地带和人们的生活方式，书中记载当地居民进行灌溉农耕，还畜养羊、马等动物。位于现张掖的大佛寺建于西夏年间，寺内有一块名为"黑水桥碑"的石碑，其年代可追溯至公元 1176 年，上面刻有黑河屡次引发洪灾的记录。在下游河段，畜牧业占主导地位，耕地很少。然而西夏年间，灌溉农业的增多带来了农作物种植的扩张，随之发展起来的便是"哈拉浩特"（黑城）和"绿城"等（图 2）。在古水道中采集到的小麦和木炭断片的年代测定结果表明，这一轮种植扩张发生于公元 1160—公元 1185 年间（Endo et al，2005）。然而，对嘎顺淖尔湖泊沉积物进行的硅藻分析表明，公元 1200 年间一处沙丘逐渐形成，使得黑河的主河道从居延三角洲移向额济纳三角洲流入嘎顺淖尔（Endo et al，2005）。因此，居延三角洲的耕地便无水可用了。

学界曾认为此后的元朝（公元 1271—公元 1368 年）当地处于游牧民族统治下；然而，很显然当时人们曾试图增加耕种所需的农业用地。屯田的士兵们于公元 1281 年驻扎至张掖，并于公元 1285 年及公元 1288 年驻扎至额济纳。此外，当时"沤田法"这种对修建灌溉系统起到促进作用的精耕方法，在全国范围内都有所应用。居延三角洲上的绿城附近，发现了"沤田法"的遗迹（Sohma et al，2007）。而

且，为了适应这一相对缺水的时代，元朝的灌溉系统可以对水进行循环利用（Endo et al，2005），这不同于那些建于汉朝的灌溉系统，那时气候更加湿润，无须循环用水。哈拉浩特出土的文献中写道，"如今黑河几乎无水"，这表明当时下游河段可供使用的水相当少。此外，还有公元 1299 年和公元 1331 年额济纳旱灾的记录和公元 1326 年缺水的记录。《混一疆历代国都之图》（汇集历史上各国疆域及首都所在的地图，公元 1402 年作图）、《雍大记》（陕西省地方志，公元 1522 年）、《秦边纪略》（西北边境地方志，公元 1684 年）这 3 部历史文献显示，旧居延海湖的面积已极为显著地缩小，到了 13 至 14 世纪被分成了 3 个较小的湖泊。这些小湖的深度仅为 1～2 m，如同沼泽一般（Nakawo，2011）。

明朝（公元 1368—公元 1644 年）期间，从公元 1390 年开始，黑河流域中游河段（张掖和酒泉段）灌溉农田的数量急速扩增，以弥补居延三角洲的耕地损失（图 3）。明朝留有许多旱灾记录，然而碳-14 年代测定表明，额济纳三角洲大约形成于公元 1350 年至公元 1400 年前后，源于一场发于索果淖尔和嘎顺淖尔分界处的洪水（Endo et al，2005）。在下游河段，更多前线士兵于公元 1406 年被派至额济纳三角洲驻扎，而且绿城附近水道壁上古植物

残片的碳-14年代测定,证实了公元1413年灌溉渠道仍处于使用状态（Endo et al,2005）。然而,公元1475年红棘灌木丛和草丛覆盖住了哈拉浩特和绿城附近开凿出的灌溉渠道（图2）,这表明当时已经弃耕,因为如果水道得到了积极的维护,是不会长出红棘灌木丛的（Endo et al,2005）。

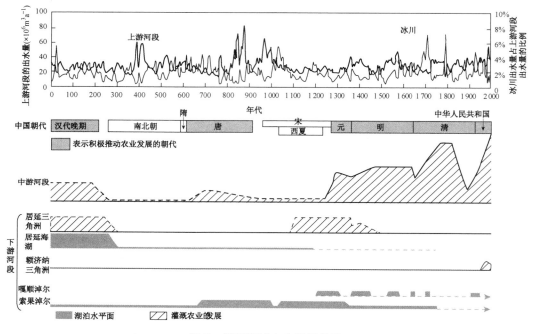

图3　黑河流域水文环境总图

注:含山区地带出水量的计算值、冰川出水量所占比例、中下游河段农业活动（Nakawo,2011）和下游河段河口湖的面积。

图2标示出了下游河段三角洲和湖泊的位置。图3则标示出了嘎顺淖尔、旧居延海湖的水平面变化（Endo et al,2007）和索果淖尔的水平面变化（Mischke,2001）。

到了清朝（公元1644—公元1912年）统治下的公元1712年,围绕灌溉用水产生了诸多问题和冲突,而且河水也无法流至黑河流域的下游河段。为此,制定出了用水分配规则,这些规则及其后的修订内容（公元1955—公元1957年、公元1960年、公元1962—公元1963年、公元1966—公元1989年、公元2000—公元2006年）时至今日仍在发挥效力（Inoue et al,

2007)。公元 1726 年,额济纳周边以游牧为生的土尔扈特部落抱怨河水会在春夏两季干涸。到了 18 世纪,人口有了显著的增长,而且从可供使用的水量来看,驻扎前方的兵员已经到达上限。另外,对嘎顺淖尔湖泊沉积物进行的硅藻分析也证实了,公元 1740—公元 1900 年间流入该

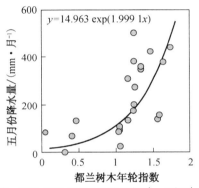

（a）1978—2002 年间都兰（北纬 35°50′—36°30′,东经
97°40′—98°20′）树木年轮宽度与 5 月降水量关系图

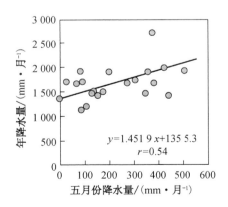

（b）都兰 5 月降水量与年降水量关系图

图4 都兰降水量情况（资料源自 Yatagai 等（2009））

湖的河水水量极少,这与中游河段过度抽取河水用于灌溉农业的时期相符。以 2.5°经/纬度网格为单位绘制的亚洲季风性干旱图谱（Cook et al,2010）显示,东印度旱灾发生于公元 1792—公元 1796 年间。而大旱灾则发生于公元 1876—公元 1878 年间。这些旱灾都严重影响了黑河流域的收成（Inoue et al,2007）。

受同治陕甘回民起义（公元 1862—公元 1877 年）影响,现张掖和酒泉的人口约为明朝时期的 1/5。自公元 1912 年至今,黑河中、下游河段的人口和农业用地均有显著增长,北大河的水不再流到黑河下游区间,索果淖尔和嘎顺淖尔湖也已经干涸。中、下游河段灌溉农业用地及人口规模的急剧增长,曾引发地下水位和植被覆盖的急剧减少（Kubota,2007）。1930 年中游到下游河段发生了一场大规模洪水（Endo et al,2005）。

3 方法

3.1 过去两千年的气象资料

Yang 等（2002）使用冰芯、树木年轮、湖泊沉积物等多种代用数据,再现了温度距平值* 的年代变化。其中,年度温度距平值是通过假设线性变化插值得出的。

———————

* 距平是某一系列数值中的某一个数值与平均值的差,分正距平和负距平。

在这里,我们依据 Yang 等(2002)获得的温度距平值数据,和 NCEP/NCAR(美国国家环境预报中心/国家大气研究中心)对 1980 年与 1990 年的海拔 4 300 m 处温度再分析项目数据的差值,对温度变化进行估算。此海拔高度的温度,是按照 600 hPa 大气压和温度递减率计算得出的,而温度递减率则分别根据 600 hPa 和 700 hPa 下的温度和位势高度计算得出。

在中国的干旱地区,生长季节的水分应力是年轮增长的主要限制因素。因此,树木年轮宽度的变动可作为代用数据计算并再现生长季节期的降水量。Zhang 等(2003)报告了一个纵跨 2 326 年的树木年轮宽度年表,此表是根据距黑河流域 300 km 位于北纬 $35°50'$—$36°30'$,东经 $97°40'$—$98°20'$ 的都兰(图 1)的考古木材及活立木数据绘制的。树木年轮系数与春季(5—6 月)降水量紧密相关($r = 0.58, p < 0.001$,皮尔逊相关系数)。

我们对都兰树木采样点(北纬 $36°00'$—$36°30'$,东经 $97°30'$—$98°00'$)的月降水量数据进行了分析(Yatagai et al,2009)。如图 4(a)所示,1978—2002 年间的 5 月降水量与树木年轮指数有很高的关联性($n=25, r = 0.61, p < 0.01$)(Zhang et al,2003)。我们发现 5 月降水量($P_{5月}$)与树木年轮指数(TRI)之间存在如下关联:

$$P_{5月} = 14.963 \times e^{(1.9991TRI)} \quad (1)$$

如图 4(b)所示,5 月降水量也显示出了与年降水量($P_年$)相对较高的关联性($n=25, r=0.54, p<0.01$),该关联的方程式如下:

$$P_年 = 1.451\ 9 \times P_{5月} + 135.53 \quad (2)$$

我们用式(1)和式(2)从 TRI 中再现了都兰年降水量的变动。根据出水量算出的过去两千年间的降水量及温度波动如图 5 所示。

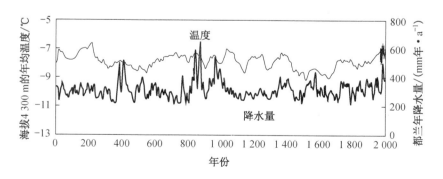

图 5　依据树木年轮宽度指数算出的都兰年降水量(**Zhang et al,2003**)

注:图中亦显示了温度波动(Yang et al,2002)。

3.2 降水量的区域分布

我们以网格为单位估算了都兰采样点（北纬36°00′—36°30′，东经97°30′—98°00′）的月降水量数据，并用多元回归分析的手法估算了海拔5 000 m处的月温度。月温度的估算是假定温度递减率均匀，分别使用500 hPa和600 hPa下的温度（NCEP/NCAR再分析数据）和位势高度算出的。

关于降水量的垂直分布曲线，Sakai等（2010）建立的海拔 z m处日降水量的垂直分布曲线如下式所示：

$$P_r(z) = [1 + C(z - z_b)]P_{rx} \quad (3)$$

式中，$C = 1/1\ 600\ m^{-1}$，z_b表示0.5°经/纬度网格的平均海拔高度，P_{rx}表示日降水量数据（Yatagai et al，2009）。

3.3 根据年度数据估算日气象数据

冰川物质平衡模型和出水量模型源自Sakai等（2009，2010）的相关研究，而依据热平衡手法建立的冰川物质平衡模型只需具备日温和数据便可对降水量建模。目前，只有过去两千年间都兰的年降水量数据和整个中国的年温度数据可供计算（图5）。然而，如果要计算冰川出水量和物质平衡，就需要日数据。

图6是依据都兰的年降水量和中国的年温度对各网格内的日降水量和温度进行估算的步骤流程图。此处，我们假定流域各处温度均匀，然后使用Yatagai等（2009）给出的1978—2002年期间的降水量数据，以0.5°经/纬度网格为单位估算了降水量。

我们依据1978—2002年间都兰采样点（北纬36°00′—36°30′，东经97°30′—98°00′）的降水量数据（Yatagai et al，2009）、1978—2000年期间500 hPa和600 hPa下年平均温度的NCEP/NCAR再分析数据和500 hPa和600 hPa下的位势数据，假设降水量的月度比例和月-年温度差值在过去的两千年中始终保持一定，再用年温度和降水量的代用数据，对都兰的月温度和降水量进行了估算。

各网格内的日降水量是根据1978年日降水量、月降水量的比例估算得出的。日温度是根据1978年日温度与月温度的差值估算得出的。

3.4 冰川和流域的分布现状

在计算各流域出水量之前，我们首先在研究对象——黑河三支流域（图1（b））内设立了两个区域：冰川覆盖区域（冰川区域）和无冰川区域。我们使用了数字高程模型（DEM）分析海拔区域分布和这3个支流域中冰川所处的位置。这些流域的DEM是由航天飞机雷达地形测绘任务（SRTM）和先进星载热发射、反射辐射仪（ASTER）生成的。我们还将SRTM生成

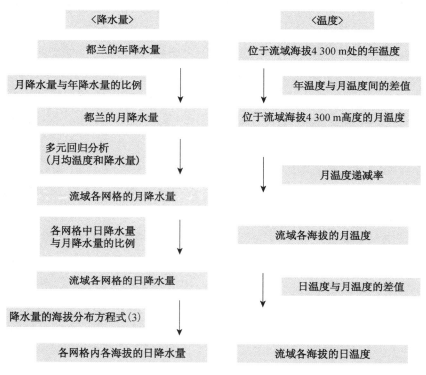

图6 估算各网格内日降水量和日温度所需的步骤流程汇总图

注:图中分别使用了都兰的年降水量及中国的年温度(图5)。

的 DEM 叠加在原有的 DEM 上,填补 SRTM DEM 的空缺。这两组高程的最大差值为 5 m。

我们把地图(比例尺:1∶1 000 000)叠加到 ASTER 卫星图像生成的 DEM 上,估算出了流域范围的边界。以 50 m 为间隔推算出这些支流域的海拔分布。莺落峡、北大河和洪水白河的流域面积分别为 9 983 km², 5 981 km² 和 1 569 km²。

冰川区域是通过叠加美国陆地卫星

(Landsat)于 1995—2001 年期间拍摄的可见光图像和 ASTER 卫星图像生成的 DEM 确定出来的。我们尽可能选取了那些没有云层或季节性积雪的陆地卫星图像。卫星图像无法监测面积小于 0.01 km² 的冰川。莺落峡、北大河、洪水白河流域的冰川面积分别为 39 km², 117 km² 和 111 km²。且莺落峡、北大河、洪水白河流域冰川面积所占的比例分别为 0.4%, 1.7% 和 7.1%。

4 结果

4.1 冰川面积的变化

一些研究人员（Van de Wal、Wild2001，2001；Ye et al，2003；Raper、Braithwate，2006）开发出的模型显示，冰川面积对气候变动的响应度取决于冰川的大小。因此，在每 0.5°经/纬度网格内，我们将 3 个支流域中的冰川面积按大小分为 5 个等级，即 0.01～0.049 km²、0.05～0.099 km²、0.10～0.499 km²、0.50～0.999 km²、>1.00 km²。

我们根据冰川的最低、最高海拔高度和最大冰川区域处的海拔，将不同海拔高度的冰川区域分布形状假设为菱形（图7）。鉴于我们将各海拔冰川区域分布的间隔设为 50 m，在一个 50 m 的垂直下降内，冰川两端点间的水平距离（HD）可按以下方程式算出：

$$HD = \frac{50}{\tan\left(\frac{\beta\pi}{180}\right)} \qquad (4)$$

位于最大冰川区域所处海拔上的冰川宽度 W（图7），可用冰川斜率 β（单位：度）按以下方程式算出：

$$W = \frac{S_{\max}}{HD} \qquad (5)$$

七一冰川的平均斜率为 10°，然而我们的研究对象黑河三支流域的冰川平均倾斜度未知。因此，我们用 5 个斜率 8.0°、9.7°、11.3°、14.0°、18.3°，分别计算了冰川的面积波动。

我们假定冰川面积的变化符合以下模式，即高于最大冰川面积区域（AMG）所在海拔高度的冰川面积恒定不变，而低于 AMG 处的冰川面积和末端冰川面积是变化的，假设冰川区域是菱形的，其波动形状如图 7 所示。

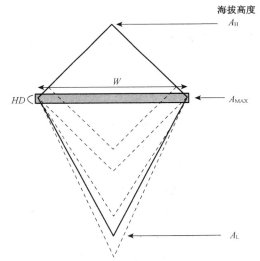

图7 各海拔冰川区域分布和冰川面积变化的简化示意图

注：HD 表示在一个 50 m 的垂直下降内，冰川两端间的水平距离；
W 表示每 50 m 间隔内的冰川宽度；
A_H 和 A_L 分别表示冰川的最高点和最低点；
A_{MAX} 表示最大冰川面积。只有海拔低于最大冰川面积（A_{MAX}）区域的冰川才会呈现出面积变化。

此外，我们还假设冰川面积随冰川体积的变化而变化，下面的方程式表示这两

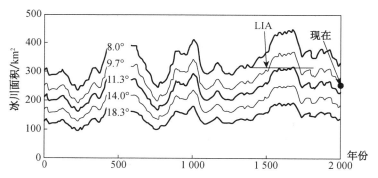

图8 分别用5个冰川倾斜度(8.0°、9.7°、11.3°、14.0°、18.3°)计算出的过去1 000 年间的冰川面积波动

注:灰线和黑点分别表示LIA期冰川面积的最大值和现今的冰川面积。

者间的关联(Chen、Ohmura,1990;Liu et al,2003):

$$v = c\alpha^{\gamma} \qquad (6)$$

式中　v——冰川体积,m³;

　　　α——冰川面积,km²;

　　　c——常数,$c = 0.04$;

　　　γ——常数,$\gamma = 1.36$。

图8表示分别用5个斜率、小冰期(LIA)最大冰川面积和现今冰川面积算出的冰川面积波动。其中,用倾斜角度11.3°算出的冰川面积波动与LIA期和现今的冰川面积最相符。因此,下文中我们将最大冰川面积区域设为倾斜角11.3°的长方形。并且这个倾斜角为11.3°的简化冰川面积与实际冰川面积的相符度较高(图9)。

4.2　冰川初始面积和响应时间

由于尚无可用于计算过去两千年间

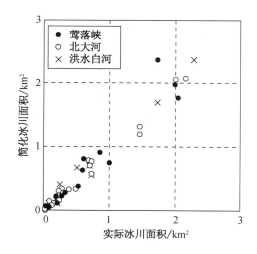

图9 卫星图像中提取出的实际冰川区域和假设为菱形的简化冰川区域的关系图

注:数据为各网格、各冰川面积大小的合计值。

冰川面积变动的冰川初始面积的经验数据,我们便用过去两千年间的温度、降水量平均值运行了一个出水量模型,并假设冰川初始面积等于过去两千年的平均值,

28

图 10 给出了计算的示例。然而,最初几百年的计算,冰川面积的变动是受模型初始条件影响的。我们将在下一节讨论冰川面积的响应时间。5 个等级冰川区域(图 11)的响应时间均随冰川面积的增大而变长,于是,所有网格中算出的较小冰川(0.01~0.49 km²)的响应时间平均值约为 21 年,而较大冰川(>1.00 km²)的响应时间则增长到了约 69 年。除少数例外,无论冰川体积大小如何,各网格中的冰川响应时间均处于 10^1 年数量级。计算得出的最大响应时间为 230 年,也就是说远短于两千年。

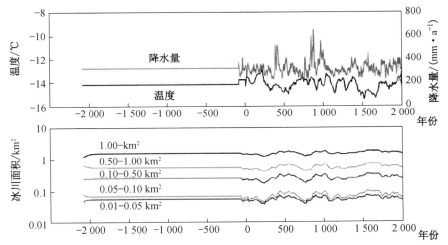

图 10　对 5 个冰川大小等级分别进行冰川区域计算示例

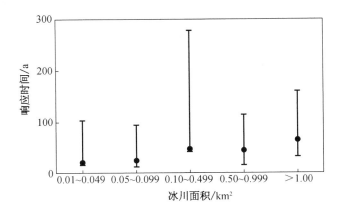

图 11　5 个等级冰川面积各自的响应时间

注:误差线表示各网格各大小等级冰川面积的最大和最小值。

图 12(a)表示都兰的温度和降水量变动情况,用于计算冰川物质平衡和冰川区、无冰川区的出水量。图 12(b)—图 12 (d)表示计算出的冰川面积、冰川出水量和各流域总出水量的变动。

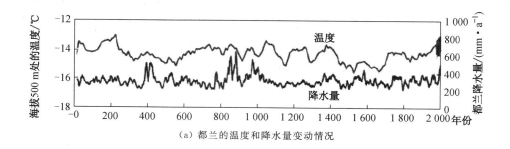

（a）都兰的温度和降水量变动情况

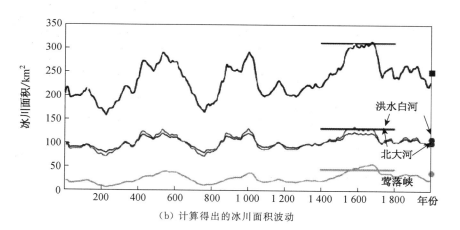

（b）计算得出的冰川面积波动

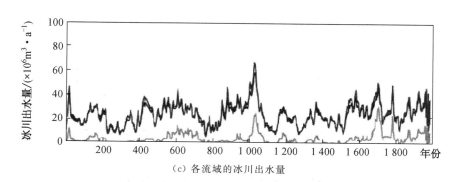

（c）各流域的冰川出水量

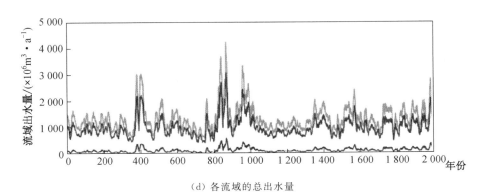

（d）各流域的总出水量

图 12　都兰冰川面积及各流域出水量

注：(b)图中的水平线表示冰川最大面积的持续时间。

5　讨论

本研究中冰川面积的最大响应时间为 230 年（图 11），因此计算得出的冰川出水量和最初数百年间的冰川面积变动受到了冰川初始面积的影响。而冰川初始面积是用过去两千年的平均温度和降水量算出的。这样，计算出的过去两千年间冰川出水量和冰川物质平衡的变动，至少反映出了 300 年前的气象条件。下文我们将对公元 300 年至今的水环境进行讨论。

由图 12(b)可见冰川面积在 3 种情况下出现了显著扩大，分别发生于公元 500 年、公元 1000 年和 18 世纪末期前后。计算得出的冰川面积在 LIA 期的公元 1520—公元 1690 达到了最大值。在欧洲，LIA 末期出现的冰川缩小源于冬季降水量的减少（Vincent et al，2005）。而通过我们的计算表明，在中国出现的冰川减少主要源于温度的增高。

过去两千年间中国祁连山区冰川最大值形成的准确时期尚未确定，不过图 12(b)中的水平线标出了冰川达到了最大面积的时期。我们根据从科罗纳卫星图像中识别出的冰碛位置对每一个流域的最大冰川面积进行了估算。计算出的 LIA（公元 1520—公元 1690 年）期的最大冰川面积与冰碛位置显示出的冰川面积最大值相同。虽然，我们没有 LIA 期间冰川达到最大值的确切年代数据。但我们对冰川面积变化进行的计算与冰川面积在公元 1520—公元 1690 年间达到最大值的这一见解一致。

31

Grove（2001）根据在念青唐古拉山脉和贡嘎山脉进行的碳-14年代测定,总结了 Iwata、Jiao（1993）、Zhou 等（1991）、Su 等（1992）的成果后指出,公元 1000—公元 1200 年间发生了一次冰川前移,其后的 13 世纪末期到 15 世纪前期又发生了一次。我们计算出的冰川面积变动的结果（图 12（b））与"冰川前移大约始于公元 1200 年"这一看法一致,尽管我们注意到了并无祁连山冰川冰碛的碳-14 年代测定数据。我们的数据与根据冰碛和碳-14 分析确定出的冰川前移数据也有较高的吻合度,这表明我们的方法有效且可行。

由于冰川面积仅占整个流域的 1.4%,过去两千年间莺落峡、北大河和洪水白河流域的平均冰川出水量分别仅占各流域总径流量的 0.3%、2.3% 和 9.3%。计算得出这些流域总出水量的变动受降水量变动的控制。与此类似,Collins（2008）观察瑞士阿尔卑斯山脉的出水量后指出冰川面积相对比例较低时可能影响出水量。

冰水出水量在冰川面积增大时相对较少。尤其是公元 300 年、公元 1300 年和公元 1500 年前后莺落峡流域无冰水流出。与之形成对照的是,冰川扩张后如果随即出现温度的骤然升高则可能会使出水量增加,正如公元 1038—公元 1714 年间的情形。

目前,尚无冰川出水量的经验数据可供测试我们的模型。然而,我们算出的冰川面积变化与对同一区域面积变化进行直接测量的结果具有较高的一致性。因此,我们对计算得出的各冰川、各流域出水量的结果非常有信心,这也是鉴于冰川物质平衡量是由剩余的降水、出水和蒸发算出的。也就是说,计算出的各冰川、流域出水量的结果得到了冰川面积变化的间接验证。

我们将出水量的计算结果与中国历朝历代的历史记录进行了对比。图 3 总括了计算得出的山区地带出水量、冰川出水量的比例、中下游河段的农业活动（Nakawo，2011）和下游河段河口湖的面积。

Inoue 等（2007）依据历史文献,总结了人口更为稠密的黑河流域中下游河段的干旱事件。关于魏、晋、南北朝时期（公元 220—公元 589 年）,我们算出的结果表明公元 300—公元 360 年间山区地带出水量呈减少趋势,这可能导致了居延三角洲的干旱化。而关于这一时期沿河西走廊发生的 4 场旱灾（公元 271 年、公元 369 年、公元 399 年、公元 405 年）,我们的计算结果与公元 369 年、公元 399 年和公元 405 年的旱灾吻合。唐朝（公元 618—公元 907 年）时期蒙古高原上发生的那一场历史性旱灾（公元 685—公元 687 年）则与公元 686—公元 691 年间山区地带较低出水量的计算结果一致。宋朝时期（公元 960—公元 1279 年），"大佛寺"的年度洪水记录与我们计算得出的山区地带总出水量结果不相符，记录数据低于计算值。然而，计算得出的冰川出水量却于公元 1153—公元 1178 年间出现了显著增加，这是冰川物质平衡量缩小导致的。由于融水季节集中在夏季的几个月中，因此，这种融水可能引发了洪水。

到了元朝时期（公元 1271—公元 1368 年），我们计算得出的低出水量与历史记录中的公元 1288 年的甘肃旱灾和公元 1299 年、公元 1331 年的额济纳旱灾相符。之后的明朝（公元 1368—公元 1644 年）和清朝（公元 1644—公元 1912 年）留下了许多干旱和洪水的记录。旧居延三角洲上繁荣一时的老城哈拉浩特和绿城在公元 1413—公元 1475 年间出现了衰退。这不单是河道从居延三角洲改流至额济纳三角洲（Endo et al，2005）造成的，还源于嘎顺淖尔于公元 1440—公元 1530 年间出现的干涸（Endo et al，2005）所导致的山区地带水流入量减少（公元 1410—公元 1450 年，图 3）。额济纳三角洲形成于公元 1350—公元 1400 年期间发生的一场洪水中，这与我们计算的公元 1355—公元 1430 年间山区出水量较大的这一结果相符。公元 1710—公元 1720 年间山区

地带出水量较低的计算结果印证了 18 世纪早期的水资源匮乏。我们的计算结果也对应了公元 1876—公元 1878 年间的大旱灾。中华民国成立（1912）后的这一时段内，计算得出的山区地带出水量呈减少趋势。1930 年发生的洪水很可能不是山区出水引发的，因为当时出水量相对较低。然而，计算得出的冰川融水在当时达到了峰值，这场洪水有可能是这种夏季集中出水引发的，而干旱的土地使得径流最大化又加剧了这一点。

图 13 显示了公元 1200—公元 2000 年（这一时期的历史文献数量较多）黑河流域上游河段（莺落峡、北大河、洪水白河流域）出水量变化的计算结果和干旱事件。我们选取了间断持续几年至几十年的长期干旱事件，并将其汇总于表 1 中。干旱事件 A、C、E（表 1）期间的出水量计算值相对较小，因此，我们很有信心地认为这些旱灾是干旱的气候引发的。与之形成对照的是，干旱事件 B、D 期间出水量的计算值较大。这些干旱事件有可能是人类活动，例如过度抽取河水用于灌溉等造成的，而不是气候因素导致的。事实上，这一地区对于农业用地的开拓始于 14 世纪（图 3），这也支持了上述分析。显然我们需要对这些旱灾进行进一步考察，确定它们是否是中游河段过度用水这一人为行为造成的。

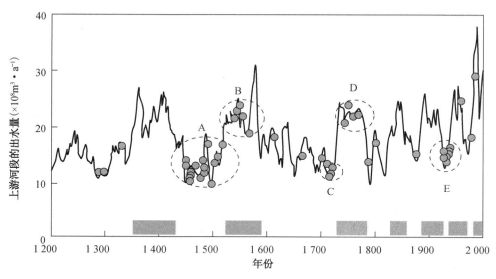

图 13　全流域出水量 5 年移动平均值的计算值和历史
文献所载的 5 次干旱事件(A—E)

注:方块表示出水量较大时期。

表 1　历史文献所载的干旱事件和计算得出
的山区地带相对出水量

干旱事件	年份	重构温度和降水量算出的出水量
A	公元 1449—公元 1520	小
B	公元 1531—公元 1556	大
C	公元 1717—公元 1721	小
D	公元 1749—公元 1772	大
E	公元 1928—公元 1939	小

图 13 列出了公元 1200 年至今的 7 个较长(>10 年)的出水时期(公元 1355—公元 1425 年、公元 1525—公元 1585 年、公元 1735—公元 1785 年、公元 1825—公元 1855 年、公元 1885—公元 1925 年、公元 1940—公元 1965 年、公元 1980—公元

1995 年)。其中,4 个时期(公元 1525—公元 1585 年、公元 1735—公元 1785 年、公元 1940—公元 1965 年、公元 1980—公元 1995 年)有旱灾记录,而其余 3 个时期(公元 1355—公元 1425 年、公元 1825—公元 1855 年、公元 1885—公元 1925 年)无旱灾记录。公元 1355—公元 1425 年间,农业土地尚未开发使用(图 3),天然水的供应量充足,因此,不可能发生人类活动导致的干旱。公元 1825—公元 1855 年和公元 1885—公元 1925 年这两个时间段与东干起义的发生时间相符,且当时农业用地处于荒废状态。因此,灌溉需求降低,也未出现水源短缺。这样同时将历史事件

纳入视野,上游河段的连续出水量计算值可用来估测水环境连续性变化的规律。

6 结论

我们运用 Sakai 等(2010)建立的出水量计算方法,使用温度和降水量的代用数据,成功再现了北大河和洪水白河流域过去两千年间出水量的变动。然而,我们无法通过直接观测来验证这些出水量变动值。

我们使用可以同时计算冰川物质平衡和山区河水、冰水出水量的方法(Sakai et al,2010),计算了过去两千年间的出水量。根据冰碛位置估算出的最大冰川总面积与公元1500—公元1700年间最大冰川面积的计算值相近,这使我们对冰川物质平衡计算值的有效性充满信心。计算出的冰川面积变动结果表明,冰川的最大值出现于公元1520—公元1690年间。鉴于这些冰川面积变化的计算值有效,我们对各冰川、流域出水量波动的计算值也很有信心。

河道迁移导致河口湖的大小和位置发生变化,这显著影响了干旱地区的水环境。元朝时期(公元1271—公元1368年),旧居延三角洲的人们采用了包括循环利用灌溉用水这样的精耕作法,以求缓解当时的缺水问题。

山区出水量和相关历史记录的对比表明,一些旱灾与山区出水量的下降相关,一些洪水则与山区或冰川的较大出水量相关。

我们还对比了计算所得的出水量波动结果和历史文献记载的干旱事件的发生时期。为确保资料的可靠性,我们只考虑了长期干旱事件。一些历史性干旱事件的发生与本研究计算出的出水量骤然下降有相当高的关联性。这种关联性为真实发生过的显著的干旱事件提供了强有力的证据。与之形成对照的是,其他历史性干旱事件与我们算出的出水量结果并无较高的关联度。我们猜测这可能是因为那些历史性旱灾是中游河段过度使用灌溉水的人为活动带来的,例如14世纪的土地开拓与使用。同时考虑旱灾记录及其历史背景和计算得出的山区出水量变动,我们甚至可以估算出那些没有旱灾记录的时期中水环境的连续变动。

致谢

感谢中国科学院寒区旱区环境与工程研究所(中国兰州)的工作人员在我们实地考察中给予的大力协助。感谢 Y. Ageta 教授和绿洲项目成员给予的宝贵建议。本研究实地调研和数据分析的经费由日本文部科学省科学(MEXT)科学研究补助金(项目编号 19201005)和尖端/次世代研究开发支援项目(NEXT 项目)提供。本研究亦得到日本综合地球环境学研究所（RIHN）主持的绿洲项目（绿洲地区对水资源变化适应性的历史演变）和伊犁项目（欧亚大陆中部半干旱地区多元社会文化与自然环境的历史性变迁）的支持。本文的初稿中原本是历史和自然科学两个部分独立成章，对此期刊编辑莫里茨·W·厄尔特森（Maurits W. Ertsen）鼓励我们充分整合所有研究成果，在此对他的大力支持致以衷心感谢。

参考文献

CHEN J, OHMURA A. 1990. Estimation of alpine glacier water resources and their change since 1870s[J]. IAHSPubl 193:127-135.

COLLINS D N. 2008. Climatic warming, glacier recession and runoff from Alpine basins after the little ice agemaximum[J]. Ann Glaciol 48: 119-124.

COOK E R, ANCHUKAITIS K J, BUCKLEY B M, et al. 2010. Asian monsoonfailure and megadrought during the last millennium [J]. Science, 328(5977):486-489.

ENDO K, SOHMA H, MU G, et al. 2005. Paleoenvironment and migration ofrivers, delta and lakes in the lowest reaches of Heihe[R]. Project report on an Oasis-region (Research Institute for Humanity and Nature) 5 (2):161-171.

ENDO K, QI W, MU G, et al. 2007. Change of desert environmentand human activities during the last 3000 years in the lowest reaches of Heihe river, China (in Japanese) [R]. Project report on an Oasis-region. (Research Institute for Humanity and Nature) 6(2):181-199.

GREUELL W. 1992. Hintereisferner, Austria: mass-balance reconstruction and numerical modelling of thehistorical length variations[J]. J Glaciol 38(129):233-244.

GROVE J M. 2001. The little ice age [M]// Ancient and modern, vol I, 2nd edn. Taylor & Francis Group, London, New York.

INOUE M, KATO Y, MORIYA K. 2007. Regional history in oasis regions[M]. Shoukado, Kyoto.

IWATA S, JIAO K. 1993. Fluctuation of the Zepu glacier in late holocene epoch, the eastern Nyanqentanglhamountains, Qing-Zang (Tibet) plateau[M]// Yao TD, Ageta Y. Glaciological climate and environmenton Qing-Zang plateau. Beijing. Science Press.

KANG E, CHENG G, LAN Y, et al. 1999. A model for simulating the response of runoff from the mountainouswatersheds of inland river basins in the arid area of northwest China to climatic changes [J]. Sci China SerD 42: 52-63.

KUBOTA. 2007. Nature and water use at Hei river basin[M]// Nakawo et al (eds) Half a century of Chinesefrontier region. Tokyo Toho Press.

LINDERHOLM H W, JANSSON P. 2007. Proxy data reconstructions of the Storglaciären

(Sweden) mass-balancerecord back to AD1500 on annual to decadal timescales[J]. Ann Glaciol 46:261-267.

LIU S, SUN W, SHEN Y, et al. 2003. Glacier changes since the little ice age maximum in the western QilianShan, northwest China, and consequences of glacier runoff for water supply [J]. J Glaciol 49(164):117-124.

MISCHKE S. 2001. Mid and late holocenepaleo-environment of the lakes eastern Juyanze and Sogo Nur in NW China, based on Ostracod species assemblages and shell chemistry[J]. Berl Geowiss Abh 35:134.

NAKAWO M. 2011. History and environment at oasis region[M]. Bensey Publishing Inc., Tokyo (in Japanese).

OERLMANS J. 1997. A flowline model for Nigardsbreen, Norway: projection of future glacier length based ondynamic calibration with the historic record[J]. Ann Glaciol 24:382-389.

RAPER S C B, BRAITHWATE R J(2006) Low sea level projections from mountain glaciers and icecaps underglobal warming[J]. Nature 439. doi:10.1038.

RAPER S C B, BRIFFE K R, WIGLEY T M L. 1996. Glacier change in northern Sweden from AD500: a simplegeometric model of Storglaciären[J]. J Glaciol 42(141):341-351.

SAKAI A, FUJITA K, NAKAWO M, et al. 2009. Simplification of heat balance calculation and its application to the glacier run off from the July 1st glacier in northwest China since

the 1930s [R]. Hydrol Process 23 (4): 585-596.

SAKAI A, FUJITA K, NARAMA C, et al. 2010. Reconstructions of annual dischargeand glacier ELA at Qilian mountains in northwest China from 1978 to 2002 [M]. Hydrol Process.

SCHMEITS M J, OERLEMANS J. 1997. Simulation of the historical variations in length of untererGrindelwaldgletscher, Switzerland[J]. J Glaciol 43(143):152-164.

SMEDT D B, PATTYN F. 2003. Numerical modelling of historical front variations and dynamic response of sofiysky glacier, Altai mountains, Russia [J]. Ann Glaciol 37: 143-149.

SOHMA H, et al. 2007. Environmental change indicating the remains at lower reaches of the Heiheregion (Japanese with English abstract) [R]. Project Report on an Oasis-region (Research Institute for Humanity and Nature) 6 (2):107-121.

SU Z, LIU S, WANG N, et al. 1992. Recent fluctuation of glaciers in the Gongga mountains [J]. Ann Glaciol 16:163-167.

VAN de Wal RSW, WILD M. 2001. Modelling the response of glaciers to climate change by applyingvolume - area scaling in combination with a high resolution GCM[J]. ClimDyn 18: 359-366.

VINCENT C, LE Meur E, SIX D, et al. 2005. Solving the paradox of the end of the little ice age in the Alps[J]. Geophys Res Lett 32(9): L09706. doi:10. 1029 /2005GL022552.

WANG G, CHENG G. 1999. Water resource development and its influence on the environment in arid zones of China—the case of the Hei river basin[J]. J Arid Environ 43:121-131.

YAMAGUCHI S, NARUSE R, SHIRAIWA T. 2008. Climate reconstruction since the little ice age by modellingKoryto glacier in Kamuchatka Peninsula, Russia [J]. J Glaciol 54 (184): 125-130.

YANG B, BRAEUNING A, JOHNSON K R, et al. 2002. General characteristics of temperature variation in Chinaduring the last two millennia [J]. Geophys Res Lett 29 (9). doi: 10. 1029 /2001GL014485.

YATAGAI A, ARAKAWA O, KAMIGUCHI K, et al. 2009. A 44-year daily griddedprecip-itation dataset for Asia based on a dense network of rain gauges[J]. SOLA 5:137-140.

YE B, DING Y, LIU F, et al. 2003. Responses of various-sized alpine glaciers and runoff to climatic change[J]. J Glaciol 49(164):1-7.

ZHANG Q B, CHENG G, YAO T, et al. 2003. A 2 326-year tree-ring record of climate variability on the northern Qinghai-Tibetan plateau [J]. Geophys Res Lett 30(14):1739.

ZHOU S Z, CHEN F H, PAN B T, et al. 1991. Environmental change during the Holocenein western China on a millennial timescale [J]. The Holocene 1:151-156.

ZUO Z, OERLEMANS J. 1997. Numerical modeling of the historic front variation and the future behaviour of the Pasterze glacier, Austria [J]. Ann Glaciol 24:234-241.

移动的人们,移动的边界

——从亚洲的过往中学到的 *

中尾正义

1 引言

日本是四面环海的岛国,故而给人留下边界固定不变的印象。日本人出国时,理所当然地用"跨海""渡航海外"等词来表达。这是因为日本人是用海岸线来区分日本与日本以外地区的缘故。即使是在具有如此地理特性的日本,对国家边界的认知也随认知主体和时代的变化而不同。

对于生活在并无海岸线这种明显界限的欧亚大陆内陆地区(从阿拉伯半岛延伸至中国西部的沙漠地带)的人们而言,划定己方领域就愈发困难了。首先,何谓"己方领域"这一概念本身就不够明确。这也是由于彼此接壤使得迁移变得相对容易的缘故。

可界定"己方领域"边界的典型例子,便是近年来相对明确的国家间的"国境"了。然而,所谓国境这一概念,也不过是最近才诞生的事物。

"边界"有时还是划分生活方式,也就是所谓文化性差异的边界。有时即使生活方式相同,也存在不同的集团和各自的边界。另外,边界的形式并非限于一条线。也可能混杂了各种要素以一种含糊不清的区域的形式而存在。

本文以日本综合地球环境学研究所(以下简称地球研)2001—2008年实施的"绿洲项目"成果为主要素材,追寻时代变迁,概述"边界"的含义、边界本身和人的地理性迁移以及人的相对性迁移,并思索历史所展现的活力。

2 绿洲与黑河流域

欧亚大陆中部是一片被贫瘠的植被与沙砾所覆盖的干旱、半干旱地带。这片大地上生活的主角是游牧民。所谓"游牧民",是指管理、饲养成群的家畜,因追逐天然草场而终年迁移的人们。他们创造了"游牧"这种生活方式并继而产生了游牧文化,且以此为生。

游牧生活这一生活方式无法产出过多的剩余物资,而且不仅无法产出农产品,也未形成制造包含武器装备在内的各

　　* 原载于[日]佐藤洋一郎、谷口真人编《イエローベルトの環境史》弘文堂,2013:192-207.

种生产工具的体系。也就是说无法实现彻底的自给自足。因此,游牧民需要在都市或村落中获取他们无法自给的物资(杉山正明,1997)。然而或许是一特例,蒙古帝国时期蒙古高原上也似曾进行过冶铁和农耕活动(白石典之,2001、2010)。尽管如此,游牧这种生活方式还是难以独立存在。

所谓的游牧民获取无法自给的物资的代表性城市与村落是那些分布于干旱、半干旱地带,被称作"绿洲"的特殊区域。

地球研实施的"绿洲项目"重点调研的区域是位于中国西部横穿青海省、甘肃省、内蒙古自治区的内陆河黑河流域。黑河流域的南岸耸立着东西走向的祁连山山脉,沿祁连山山脉北麓自东至西依次是武威、张掖、酒泉、敦煌等绿洲。

祁连山脉东西绵延约 1 000 km,林立着海拔超过 5 000 m 的高峰。山顶附近被众多万年积雪(冰河)环抱。据司马迁的《史记》记载,祁连山的匈奴语语意为"天之山"(杉山正明,2002)。其北侧绵亘着东西走向的戈壁沙漠。人们之所以能够相对容易地在沙漠中穿行,正是因为在山脉与沙漠交界处的山麓地带下方有一条东西走向的细长台地。那就是被称为"河西走廊"或是"河西通道"的狭长地带。

从祁连山脉流向北方的河流形成的数个扇形地带延山脉零星分布,其末端多

有泉水涌出。我们认为上述绿洲城市是以这样的地带为中心发展起来的。不过,当今的绿洲并非依靠泉水,而是引流河川之水灌溉开垦出的绿色沃野(图1)。

图 1 黑河水供给(张掖)绿洲的水道

近观绿洲,仿佛是被染成绿色的块状领域。绿洲中生活着的人们主要依靠开垦出的耕地产出的农产品来支撑生活。

上述这些零星的绿洲在河西走廊中连成一片,河西走廊的东西横贯着著名的丝绸之路。那里便是"绿洲项目"的研究区域——黑河流域。也就是说黑河正是位于面积约为 13 万 km² 的这片贯通东西的交通要道之上。

黑河发源于祁连山奔流向北,由南至北地横穿丝绸之路,并将戈壁沙漠分割成东西两个部分。黑河向北流淌 300 余 km后,注入湖泊而消于无形,即现被称为额济纳(Echina、Ezene 或 Ezune)的绿洲城市的所在地(旧称"居延")。至此便与有着游牧民故乡之称的蒙古高原近在咫尺了。

在极难获取水源的沙漠地带,河流流

经之处成了人们移动的必经之路。这是因为沿河能随时取水。换言之,沿河的路径是能够较为容易地横穿沙漠的唯一路径。2 000 年前骠骑将军霍去病受汉武帝之命征讨匈奴时,便是沿黑河下游逆流而上,消灭了盘踞于祁连山山脉的匈奴右贤王(图 2)。换言之,黑河的水流构成了当时南北迁移的往来通道。

图 2　霍去病相关的碑文

霍去病的胜利,使此地的管辖权从匈奴易手至汉王朝。公元前 121 年发生的这场战事,导致匈奴同居住于祁连山山脉南麓且与己友好相交的"羌"断绝了联系(森谷一树,2011)。也可以说,匈奴失去了与西藏南部较远地域即云南方向的联络路径。匈奴原本贯穿南北的交通要道就此隔断。匈奴是以马匹为迁移手段的部落,他们很有可能曾保有穿越柴达木盆地通往西藏方向的联络路径。据说失去祁连山山脉北麓后,匈奴的部队也时常向四川方向出击。

黑河流域位于丝绸之路这一东西交通要道与连接蒙古高原和西藏、云南的南北交通要道的交叉点。从这个意义上来说,也可以说黑河流域是对历史的发展产生了重要影响的地域。

3　黑河流域及其周边地域人口及边界的迁移

3.1　农耕世界与游牧世界的边界

汉王朝驱逐匈奴后,逐步进入了祁连山北麓(黑河流域),并开始迁移部分民众进入此地并开展农业生产。最终在河西走廊设置了张掖、酒泉、敦煌及武威四郡。最初移居去的是所谓的屯田兵(后也有鄂尔多斯等地因害失去住所和耕地的普通农民)。他们从山西、河南、山东、河北与湖北等地迁居于此(籾山明,1999)。由此可见当时是全国范围地向黑河流域迁移。

迁居至此的人们开展的农业开发不仅在河西走廊的绿洲一带,就连黑河下游也修建起了要塞与望楼等。汉王朝据此巩固了对以蒙古高原为根据地的匈奴的防御体系。为此汉王朝必须将居延地区(黑河末端地区)这一沙漠中罕有的可耕地围起来,保护其中的居民和家畜。当时开拓的耕地规模与现在额济纳绿洲的耕地面积相当(森谷一树,2011)。这样一来,这片土地就成了以农耕为主的汉王朝与北方及西方以游牧生活为主的人们对峙的边界。

黑河又名弱水。"弱水"是四书五经之一的《禹贡（书经）》中记载的河流名称，从东方世界的视角来看，弱水被认为处于"世界"的西端，也就是当时中华世界的西界。

3.2 游牧民对绿洲的统治

到了隋、唐时期，以伊朗系的窣利人为主的商人，将西方世界的信息带到了中国。当时放眼西方的隋炀帝于祁连山脉南侧的青海击败了妨碍东西方交易的吐谷浑，并将罪人等流放至此屯田拓地（佐藤贵保，2011）。

到了唐代，其西界一度西进。唐王朝消灭了东突厥后灭了高昌国，征服了吐鲁番盆地，又于公元657年降服西突厥，将势力范围扩大到帕米尔高原的西部。然而进入公元680年后，各地叛乱导致唐王朝的版图缩小，黑河流域再度成为西界（佐藤贵保，2011）。

不过唐代的黑河流域生产模式与汉代有所不同，并非一味地发展农业。据推测大量来自北方突厥与维吾尔的难民流落到黑河流域从事畜牧业，由此我们认为当时是农业与畜牧业并存。这种情况始于黑河流域不断形成被称为"凉"的政权即所谓"五凉时代"，到了北魏至唐代依旧

如此（佐藤贵保，2011）。

从这个意义上来说，边界还是同一边界，却不同于汉代那种可称为"重农主义"的农业一边倒世界与游牧世界的分界线，边界本身的性质发生了变化。以农业为基础高度武装的农耕世界和游牧世界对峙的边界线逐渐模糊（称之为"地带"也许更为恰当），形成了一个隔在两个世界之间的宽阔的带状地带。

这种趋势变得愈发明显，大约是8世纪后半叶河西走廊落入以西藏为根据地的吐蕃手中，唐王朝撤出河西走廊的缘故。维吾尔族人南下在张掖建立甘州回鹘王国时，畜牧业的存在也不容忽视。可以认为，畜牧业为当地的主要产业，从事农耕的主要是原来居住在这里的汉人等（佐藤贵保，2011）。

10世纪至11世纪北宋王朝建立以后，西夏取代了甘州回鹘在河西走廊的统治地位。虽说西夏的王族是党项族，但也有汉族、藏系、蒙古系、维吾尔系等各族人群，当时的西夏是一个多民族混居的国家（佐藤贵保，2011）。笔者认为在西夏形成的是农业与畜牧业相结合的复合型生产体系。西夏的东边便是北宋，此时农耕世界的西界已经移向黑河流域以东了。

西夏在黑河下游修筑了哈拉浩特（黑城），用以防备蒙古军队（图3）。此时，黑

河流域成了两个集团之间的边界。然而最终西夏还是为蒙古军队所灭。

灌溉水道的开凿工程极有可能曾经盛极一时。

图3　哈拉浩特遗迹

众所周知,消灭西夏的蒙古族就此走上了称霸世界的帝国之路。蒙古帝国将河西走廊的绿洲群和包括哈拉浩特在内的整个黑河流域以及更加广阔的领土全部收入囊中。这样一来黑河流域丧失了其作为边界的作用。即便如此,在蒙古帝国的统治之下,哈拉浩特作为交通要冲,其面积扩大到了西夏统治时期的4倍左右,依旧作为交易点延续着繁荣(弓場纪知,2007)。蒙古人在哈拉浩特建立了附设住宿设施的站赤(驿站),以从根基支撑蒙古帝国的统治。这里充分发挥了交通要冲的功能(古松崇志,2011)。

蒙古帝国的统治阶层虽由游牧民族构成,却极为热衷农业开发。现在的张掖有120万人口,支撑其周边绿洲农业(图4)的灌溉水道群中,许多水道的固有名称都源自蒙古语(井上充幸,2007)。由此可见蒙古帝国统治时期,黑河流域

图4　张掖的绿洲农业

西夏在下游修建的哈拉浩特周边也留下了许多灌溉水道的痕迹(图5)。说明当时的农业生产相当活跃。虽然很难区分西夏时代和蒙古帝国时代的工程,但是当时的耕地面积与汉代的耕地面积或是现额济纳绿洲的耕地面积大致相当(森谷一树,2011)。

图5　下游地区灌溉水道遗迹

面对干旱地区过于苛刻的自然条件，一种名为区田法（井黑忍，2005、2007）的密集型耕作方法应运而生了。哈拉浩特发掘出的古籍中有区田法的耕作手册与图解。而且哈拉浩特附近发现了据测曾经实行过区田法的耕地遗址（古松崇志，2011）。黑河地区曾经实行过区田法这种需要投入高度密集劳动力的耕作方法，可见当时的蒙古帝国相当重视农业开发。

不过与此同时，额济纳周边也开展了广域的游牧与畜牧（古松崇志，2011）。不仅限于额济纳附近，蒙古帝国时期整个黑河流域游牧、畜牧业都相当活跃。特别是祁连山山麓拥有广阔的草原，历史上曾长期作为军马牧场（图6）。现在仍留有许多叫作军马场或军马分场的地名，有一些仍为军用马匹的饲养地。如今骑兵队已经无法在战斗中发挥太大的作用，然而依旧留有仪仗骑兵。中国人民解放军骑兵队使用的马匹，大多来自祁连山山麓。

图6　祁连山麓的大草原

综上所述，笔者认为在游牧民族统治黑河流域绿洲的时期，即使是在主要从事农业生产的绿洲，也是农业与畜牧业并存的复合型社会结构。本节文首谈及的隋唐政权也是出自历经代国至北魏时期的突厥、蒙古系游牧民，是具有鲜卑血统的"拓拔政权"（杉山正明，1997）。从隋唐时代到西夏、蒙古帝国时代，在游牧民族至少处于权力中枢的这些王朝统治黑河流域的时代，其经济形态是农耕与游牧互相交织共存的复合型经济。

也就是说，游牧民族"因无法彻底实现自给自足，而必须在（绿洲等）城市或村落获取那些无法自给的物资"，故此在统治绿洲时，能够尝试平衡地发展两种生活方式——自己固有的生活方式和生产他们无法自给的物资的那种生活方式，不排斥两者中的任何一方。我们可以将此视为，上文谈及的那条分隔农耕世界与游牧世界的模糊而宽阔的带状地带在整个大陆范围得以大规模地扩大延伸。

还有一点值得一提的是，元朝特意将首都从内陆地区迁至位于其版图东北角的北京（大都）。

蒙古帝国作为欧亚大陆中部游牧民族的主角，一边汲取农耕文化，一边在大陆上东突西进地不断扩大自己的版图。其版图边界也由大陆中央地带推移至大陆边缘，特别是在东方，几乎吞并了整个大陆,直通大海。那时,他们推进边界的目标自然就是海的另一端。如同之后大英帝国从大不列颠岛面向大海不断扩大版图边界一样。蒙古帝国在持续扩疆拓土的过程中,也将海的对岸纳入了视野。文永之役(1274)和弘安之役(1281)这两场蒙古军队进攻日本的战役大概也是其中一环,在日本这被称为"蒙古袭来"。若仅着眼于大陆,北京作为首都过于偏东,若将大海也纳入视野,北京就成了作为元朝首都的合适场所了。

3.3　清朝的扩张与地理意义上的国境

　　到了14世纪,明朝建立且以中国南部为根据地,蒙古人则退回了北方。继黑河流域中游的河西走廊诸绿洲之后,位于最下游的哈拉浩特也于公元1372年落入明朝之手。然而蒙古的势力依然强大,黑河流域的末端地区仍在其控制之下。明朝最终也未能压制住黑河流域全境。于是,明朝在酒泉附近修筑嘉峪关,并用长城将河西走廊的东半侧圈住,将这一地区纳入其统治之下(图7)。

　　明朝在北方与西方被伊斯兰等游牧势力所环绕,在其统治的河西地区采取了重武体制,驻以4万人以上的重兵和1万匹以上的战马(井上充幸,2011)。明朝控制了这块地区,就勉强阻断了游牧势力的南北通道(从蒙古高原经黑河流域、西藏

图7　嘉峪关与祁连山脉

通往云南方向)。

　　明朝也对河西走廊的农业进行了积极开发,大力开凿灌溉水道,从黑河的主要支流引入了水源,新开垦的农地面积达到了60万km²(井上充幸,2011)。明朝保留了祁连山山麓原有的牧场,但基本采取的还是重农主义政策。当时不仅有屯田兵,还有很多迁居而来的人们,其中也包括从山西流放至此的罪人等,现在黑河中游(河西走廊)仍有农民自认是这些人的后代(シンジルト,2007)。

　　16世纪中叶明朝实际上放弃了黑河下游流域。明朝围绕河西走廊修筑的长城,如同汉朝时那样,使得农耕世界与游牧世界的分界线再度复活。

　　明朝灭亡后,清朝于1645年将河西走廊纳入统治之下。清朝直接继承了明朝以来的统治体制,同时实施一系列农业振兴政策以恢复因战乱而荒废的农田,还

推行了新的垦荒事业(井上充幸,2011)。

清朝在东北黑龙江地区与南下而至的俄国进行长期抗争后,于1689年与其签订了《尼布楚条约》,确定了所谓的国境。据此,出现了规定种种活动范围的地理意义上的明确性国境,不同于原本那种较为含糊的边界。这使得人们原本多种多样的活动,在各种意义上被人为划定的国境分隔、限制起来(承志,2009)。

1696年后,清朝将外蒙古也纳入其统治之下。为确定这一地区地理意义上的国境,进行了一系列细致的勘探、调查和"科学性"的测绘等活动,绘制了数目庞大的地图(承志,2009)。

与俄国的对抗告一段落后,清朝又控制了西藏与青海,并与西方的准格尔发生了冲突。黑河流域发挥了补给前线的中心区域的功能。最终,清朝于1759年趁准格尔内乱将其击败,同时将天山北麓的准格尔盆地全域及南麓的塔里木盆地一并纳入版图。清朝在这些地方也实行了屯田制,把天山北麓的牧场逐一改成了耕地。遂将这片新的领土称为"新疆"。

新疆成了西面的边界后,清朝先后向准格尔与俄罗斯提出要求,希望划定所谓的国境。也就是说,清朝要取消顺应人们活动的复合型边界,划定地理意义上的明确国境。

日本于18世纪后半叶逐渐产生了地理意义上的国境意识。萌生这一意识的诱因是俄国在《尼布楚条约》中与清政府划定国境后,开始与日本接触。俄国的接近让德川幕府感到了危机,于是开始积极地对虾夷地进行勘探与调查活动,绘制了很多具有地理性边界意识的地图(卜ビ,2008)。伊能忠敬绘制的著名的伊能图,就与幕府的危机意识不无关系(金田章裕、上杉和博夹,2012)。这些与签订《尼布楚条约》前后的清朝的情况极为相似。"国家"这一将"国民"和"地理意义上划定的领土"关联起来考量的概念,就是在这一时期诞生的。

回到黑河流域的话题上,蒙古系土尔扈特的游牧民们也是在这个时期移居到了黑河末端的额济纳地区。土尔扈特人原本来自北京的西北,16世纪末至17世纪初移居到了里海的西部。他们历尽各种波折后,于18世纪初离开俄国流浪于准格尔地区与罗布泊西南部等地。最终,得到了清朝许可,移居黑河流域开始了游牧生活。自此,流浪的游牧民得到了安居之地。或许可以说,属于"国民"范畴的游牧民族就此诞生。现在这些游牧民的后代依然居住在额济纳。

为了给准格尔之战提供后方支援,18世纪清朝更着力于黑河流域中游与河西走廊的农业开发。为了开垦耕地,最终将黑河水的灌溉能力发挥到了极限。对此提供了有力支撑的是,清朝对所谓"边疆地区"投入了全国性人口急速膨胀而产生的大量剩余人口(井上充幸,2011)。黑河流域本是"边疆地区"之一。但是在拥有仅次于蒙古帝国的广大版图的清朝,黑河流域已经失去了作为边疆的意义了(图8)。

图8 黑河龙王庙中的壁画

到了19世纪,曾经强大的清朝也是各地内乱频发。1840年更是爆发了与英国的鸦片战争。其结果便是先后与英国、美国、法国等西欧列强签订了一系列不平等条约。此后清朝又在中法战争与中日甲午战争中败北直至1911年的辛亥革命,终究迎来了末日。

19世纪也是欧亚大陆中部的探险时代。马尔克·奥莱尔·斯坦因、斯文·赫定、彼得·库兹米奇·科兹洛夫等西欧诸国的知名探险家与日本的大谷光瑞、橘瑞超等人,对欧亚大陆中部"未知的腹地"进行了频繁的探险。随着探险的前沿从海岸线不断向大陆腹地推进,他们有了各种各样的新"发现"。本文中提到的黑河流域下游的汉代要塞、望楼遗址及西夏、蒙古时代哈拉浩特遗址等的"发现"便是其中几例(图9)。

图9 哈拉浩特遗迹

蒙古帝国曾将边界从大陆中央推进到了海岸一带。接着,他们的目光又落到了大海的彼岸。同样,西欧列强也将他们的世界从自己的海岸线扩大到了大海的彼岸。他们接着从在海的另一端"发现"的欧亚大陆的边缘,朝着内陆的中央推进边界。可以说19世纪的探险家们充当了他们的先锋。

将此称为逆转的边界是否合适呢。对于边界这条界限的含义,身处其两侧的人们看法完全不同。双方想要推动的边界移动方向也完全相反。这是因为人们总想将边界朝着扩大己方地域的方向移动。

3.4 中华人民共和国的边界与人的移动

中华人民共和国成立于 1949 年。与周边国家虽不是毫无边界问题，但在某种意义上已经基本确定了领土范围。

其中，黑河流域的上游划入青海省，以河西走廊为中心的中游划入甘肃省，之后在 1979 年又将黑河下游地区从甘肃省划出，编入内蒙古自治区（小长谷有纪，2005）。

伴随这些省界的划定与变更，当地人们的生活也受到了各种影响。例如，对于生活在黑河上游（山麓部）的游牧民来说，祁连山脉的山脊并非他们的边界。无论南面还是北面，同样都是他们放牧的场所。但是主山脊成为省界后，他们的迁移活动受到了制约（尾崎孝宏，2007）。这与《尼布楚条约》中划定的清朝与俄国的国境在各种意义上分隔、限制了人们一直从事的多种活动的情形类似。

1979 年的省界变更，使得黑河的下游与中游分离，划归内蒙古自治区。因此，要解决下游水资源不足的问题，就要召开跨省的水资源分配会议，导致问题变得复杂了（小长谷有纪，2005）。

中华人民共和国成立后，人们的迁移变得更加频繁了。其中既有为了躲避自然灾害而进行的自发性迁移，也有伴随实施改革开放政策等举措而进行的迁移（中村知子，2007）。

其中值得着重提及的是，1998 年长江流域特大洪水后实施的"退耕还林"这一造林政策（関良基等，2009），以及随之而来的"生态移民"政策（小长谷有纪等，2005）带来的人口迁移。在黑河流域，生态移民政策给当地的人们带来了尤为巨大的影响。

退耕还林政策，顾名思义就是将耕地转还为林地的，意在恢复之前过度采伐的植被，从而防止暴雨引发洪水和水土流失。这也可以认为是，为了应对近年人们愈发关注的恢复自然环境的多样性而采取的环境对策（シンジルト，2007）。政策中的一环便是生态移民政策，意在防止在山麓等森林地带放牧的牲畜（图 10）啃食树木幼芽，也就是为了恢复林地，而让游牧民迁居、定居位于低洼平坦地带等的城市近郊。

图 10　在山麓放牧

在黑河流域从 20 世纪 40 年代至 50
年代,山岳地带的游牧民们被迁往中游地
区,在其定居地周边的草原上开始了放牧
生活,然而周边的农业开发使绿洲的范围
不断扩大,很多草原都消失了。于是便产
生了政府进一步集中迁居牧民,进行农田
开发的情况(マイリーサ,2005)。

2004 年前后,政府再次实施了让上游
山地的游牧民移居中游的政策(中村知
子,2007)。为了避免地下水水位下降导
致河岸胡杨林(图 11)的衰退,土尔扈特牧
民生活的下游地区也实施了生态移民政
策,禁止在林区放牧,将原本在此放牧的
牧民迁往城市定居(小长谷有纪,2005;儿
玉香菜子,2005)。

图 11 黑河下游地区的胡杨林

随着生态移民政策的实施,黑河下
游的农业开发活跃起来。1955 年,少得
可以忽略不计的耕地面积迅速扩大。
农业开发多与移居至此的汉族人有关。

1949 年,仅占当地总人口一成的汉族人
口,慢慢超过了当时占九成的土尔扈特
等蒙古族人口,到了 2004 年汉族人口
已占当地人口总数的七成(儿玉香菜
子,2007)。

中华人民共和国成立后,不仅在黑河
流域,还在西部地区进行了大规模的农业
开发。较为突出的例子便是新疆维吾尔
自治区的生产建设兵团,他们从事的活动
相当于古代的屯田。除了农业开发外,兵
工厂、导弹发射基地、化工厂、金属工厂等
工业都市的建设也是人口向西部大迁移
的原因。这便是"西部大开发"。此类迁
移与包括东部沿海地区在内的"都市化"
这种新型人口流动也互相关联,对此本文
就不展开叙述了。

中国西部大开发这一国家工程旨在
缩小西部内陆地区与东部沿海地区的
地区贫富差异,整顿西部经济发展的环
境。其结果是在中国这一国家领域内,
不仅是经济领域而且文化领域也产生
了同化趋势。这对于拥有众多少数民
族的中国而言也影响深远(フフバート
ル,2007)。

4 边界及人口迁移的历史带来的
启示

笔者在前文中概述了过去两千余年
中国西部的黑河流域及其周边地区的"边

界"和人口的迁移。

"边界"既可以是在生活模式方面存在文化性差异的地域间的边界,也可以是具有相近文化却身处不同政治、社会、历史环境中的人群间的边界,还可以是近现代国家在地理意义上明确划定的国境线这一边界,甚至可以是一国之内省与省之间的边界等,存在各种各样的形式。

总体来说,人们一直将边界朝着扩大"己方世界"的方向推进,至少也是致力于此。

在黑河流域实施的"绿洲项目"的主要研究课题是该地区水资源不足的历史性变迁。研究中浮现出的历史现实是,每逢水资源不足时人们总是试图以扩大己方领域的方式来解决问题(中尾正义,2011a)。下面笔者将阐述其概要。

黑河流域的农业始于有天然涌出泉水的地带。随着农业的不断发展,单凭泉水渐渐无法满足用水量的需求。于是人们开发了引外部河水灌溉的技术用以开拓新耕地。随着新耕地的不断增加,人们的活动范围和领域意识的范畴也不断扩张。之后更是发展出了开凿地下水道的技术(图12)。凭此技术便可以将从前无法引流的山脊对面的水引到己方的领域。这样确保了新水源后,耕地的规模得以进一步扩大。己方领域便扩张开来。

近年来,人们不断地兴建、扩大黑河

图12 灌溉用地下水道遗迹(崖壁上孔洞的深处是几近水平的水道)

干流和诸多支流的水利工程,几乎到了用尽流经河西走廊的河川水资源的境地。人们已将广义上的整个黑河流域都当成了己方领域加以利用。即便如此水资源依然不足。因此,又开发了深井挖掘技术和抽水技术,试图汲取地下世界的水源来解决用尽地表水也无法满足的不断增加的水量需求。

一旦产生新的水资源需求,就无法仅依靠既有系统(领域)中的资源量来满足。于是人们以技术进步为背景,将"己方领域"的边界不断向外部扩张,开发外部新的水资源引入己方领域内(扩大领域),从而满足己方不断增长的需求。

然而,现在即便这样也无法解决缺水问题。为了解决这个难题,有人主张中国"从外国进口粮食"。他们认为,从外国进口粮食减少国内粮食生产耗费的水量,就可以解决缺水问题。进口粮食,其实就是近来热议的进口虚拟水资源。换言之即试图将自己生活所依赖的体系范围(领域)从黑河流域扩大到全球范围。

也就是说,其本质是将领域边界朝着扩张的方向移动即可解决自己领域范围内的一切问题这种思维方式。上述水环境问题便是一个例子。

下面笔者将进一步补充说明边界移动和水环境之间的关联。在欧亚大陆中部旷大的干旱、半干旱地带,无论是游牧活动还是农耕活动,确保生活根基的水源都是至关重要的。不过两者最大的差异在于消耗的水量。即便算上动物的饮用水,游牧生活的用水量也是有限的,与此相比农业活动则需消耗大量的水资源。在工业日益成为新的水资源需求点的现今,黑河流域的农业用水量仍占了总用量的九成以上(图 13)。

图 13　中游地区的灌溉取水口

上文概述的两千年历史中,每当以农业为主业的领域进入黑河领域时,黑河河口湖的面积便无一例外地缩小。湖泊的大小可以作为衡量同一流域水源是否充足的指标。因为无论是否通过水资源开发从外部引入水源,只要流域内缺水(超出供给量过度用水)湖泊就会变小。

即使是在气候条件相对稳定的汉代(无降水量变化较大的记录),屯田兵开始农业开发后,河口湖的规模缩小到了原来的一半以下。汉王朝撤退后,农耕世界与游牧世界的边界由黑河流域移向东方,湖泊的规模得以恢复。然而虽有过游牧民族统治绿洲且游牧与农耕并存的混合型经济形态的时期,进入积极发展农业的蒙古帝国时代之后,湖泊的规模再次缩小。当然,这一时期小冰河期到来气候变冷,冰河的增加导致了河川水量变小,但是也不能排除农业开发与气候变化的叠加效应导致河口湖缩小的可能性。

到了明代,长城的修筑使得分隔游牧世界与农业世界的边界设定到了黑河中游与下游之间。结果中游的农业生产虽得以维系,但由于下游农业活动衰退,河口湖逐渐扩大。然而进入清朝后,这条边界不复存在,黑河全流域的农业开发得以推进,湖泊便不断缩小。如此一来,黑河流域的水资源不足这一环境问题一直持续到了现代,河口湖终究落到干涸的境地

（图14）。

图14　干涸的河口湖

也就是说，水资源不足这一环境问题的表面化，与相关领域周边的某种边界的推移非但不是无联系的而是密切相关的。建造长城圈住农耕世界、国家间签订条约划定国境、划定甘肃省与内蒙古自治区的省界，这些都给人们的生活形态带来了巨大的影响。

正如前文中阐述的那样，人们总是试图用扩大领域的方式来解决自己领域中的诸多矛盾不仅仅是水资源的问题。然而，当己方领域与从他界扩张而至的领域交错时便会发生问题。由此引发抗争与纷争。在对抗中获胜一方的边界便会朝着扩大己方领域的方向推进。

当某一领域扩大到一定程度时，这个领域特有的生活方式或社会制度、技术等具有该地区特征的生活方式，即所谓的"文化"便可被称为"文明"了吧。笔者认

为"文明"在一定层次上可以被理解为是具有侵略性的或是具有有扩张意识的。

"文明"的定义多种多样，或指具有多重分工的社会，或指拥有城市、文书、建筑物这三要素的社会，再或指拥有农耕用的犁、帆船、金属加工、历法、度量衡等物质文化的社会等，西方学者已对此进行了详尽的讨论（秋道智弥，2010）。然而笔者认为，"文明"是人们为了在残酷的自然环境中生存下去而创造出的体系或是整片地域的文化，文明并不限于其发源地，而是具有某种普遍性或是带有侵略性地向周边地区扩张的意识形态。

我们可以认为，现代文明的领域已经扩张到了整个地球。再无可供扩张的空间是一个问题，也是最大的问题。这正是环境问题、经济问题等各种全球化现象所不得不面对的问题关键。

还有一个问题是，某一特定区域向具有不同生活方式的周边地区扩张后，往往会试图统一扩大后的领土全域内的思维方式、价值观等多个要素，即走同化路线的问题。有观点认为，拥有众多少数民族的中国存在同化文化的问题（フフバートル，2007）。

从这个意义上来说，"游牧民族统治绿洲"时期，"尝试平衡地发展两种生活方式——自己固有的生活方式和生产他们无法自给的物资的那种生活方式，不排斥

两者中的任何一方"的这种理想方式值得关注。他们并未在新领土的全域同化并推广游牧这种生活方式,而是以保留农业生产的方式进行了统治。

或许这是因为游牧体系原本无法实现必需品的"全面自给自足",所以才没有想要打造仅有自己原有生活模式的世界。然而值得关注的是这种在体系整体中保留一种多样性的做法(图15)。

图15　放牧中的骆驼

也就是说,某一体系的领域越扩张,其全域内越容易出现某种趋于同化的倾向,此时如何保证其多样性就变得尤为重要。对于身处全球化浪潮下现代社会中的我们来说,这是十分重要的课题。

除了边界的推移,还有人口的迁移。人口的迁移主要有两种。其中一种是虽有地理性的移动,但无论是在迁入地还是迁出地只需延续原有的生活方式(价值观等思维方式和生活模式、社会制度等不变)即可,不必特意做任何改变。

所属领域向外扩张后,人们迁往新领域的地理性移动,就相当于第一种迁移。农耕世界向黑河流域扩张的汉代、明代以及清代,屯田兵和农民的迁移就属于这种情况。蒙古帝国时期游牧民放牧地点的变动也大致属于同一范畴。当然也需要适应迁入地的气候与地势等,但是即便进行了地理性移动,其自身所属领域的存在方式基本上没有变化,也没有必要进行大的变更。大规模的人口迁移几乎都属于这一类型。

与之相对,也有因迁移而不得不大幅改变生活形态的情况,这便是第二种人口迁移。游牧民迁居并定居于城市近郊的过程就属于这一类型。定居后不得不放弃游牧生活,开始从事农业、商业活动。农民作为劳动力涌向城市的都市化进程带来的人口迁移也属于这一范畴(图16)。

图16　近期的额济纳

第二次世界大战期间日本人大举迁往"满洲"大体应该属于前者，然而所谓移民大多属于后者的范畴。同在第二次世界大战期间，那些将活动据点移至俄罗斯符拉迪沃斯托克（海参崴）的人们（堀江满智，2002）就属于后者。不光是俄罗斯，还有北美、南美以及夏威夷等地的日本移民，都不仅需要适应迁入地的气候和地理条件，还或多或少地需要适应当地的语言、习惯、社会制度等，能否融入当地的体系成了移民是否成功的关键。

也就是说，这两种迁移形式虽然都没有发生边界的推移，但区别在于一种是不跨越相对性边界的迁移，另一种是跨越了相对性边界的迁移。

前者就像大部分的大规模迁移一样较为容易。而后者移民则要适应完全不同于以往的生活方式等，因而此类迁移的门槛极高。因此，相较而言开拓者式的迁移较多。笔者认为研究人口迁移问题的一个重要的视角便是迁移是否跨越了相对领域的边界。

5　结语

前文以黑河流域周边为例，分析了各种边界及人的迁移。然而伴随领域扩张的边界与人的迁移并不仅仅局限于地理意义上。科学研究领域也曾出现过类似的现象。

半个世纪前，"物理帝国主义"这一词语曾被频频使用。特别是量子力学这一足以使既往物理学发生巨变的概念基本确立后，开启了试图从原子、分子层次解析基元过程的新时代。

人们尝试用物理学的见解和思路，来探求一直以来被认为完全不同于物理学研究领域的化学反应和生物过程。化学物理、生物物理等研究领域受到了广泛的关注。物理学思维方式被彻底引入化学和生物学的研究世界，甚至被认作化学与生物学研究的主流。这就是物理帝国主义的由来。可以说，这正是物理领域扩大了范围。

反之，近来人们对专业领域过度细分的现状进行了反思，出现了整合长期以来被认为相距甚远的文科和理科学问的趋势。这在对人类而言极其紧迫的环境问题上表现得尤为突出。

《イエローベルトの環境史》一书在讲述人类社会与人类置身的大自然间的相互关系时也多有涉及。其基本态度，与其说是原有领域的扩大，不如说是领域的超越。换言之，能否超越熟知领域中既有的手法、知识、概念是能否获得成功的关键所在。这与开拓性的移民有共同之处。

超越领域也与开创新领域相关。农业与畜牧业共存的生活形态，打造了或许无法称为"带状边界地带"的复合型世界。

然而若任由这种思路继续发展下去，很可能出现前文中谈到的另一个问题，即新领域自身不断发展的同时，其内部或许会出现趋于同化的弊端。环境问题也是如此，在创立新领域的同时确保其内部的学术多样性极为重要。

参考文献

秋道智彌. 2010. 水と文明－制御と生存の新たな観点 [M]. 昭和堂.

井黒忍. 2005. "救荒活民類要"に見るモンゴル時代の区間法——カラホト文書の参考資料として [J]. オアシス地域研究会報, 総合地球環境学研究所, 第五巻第一号：24-52。

井黒忍. 2007. モンゴル時代区田法の技術的検討 [M] // 井上充幸, 加藤雄三, 森谷一樹編. オアシス地域史論叢－黒河流域2000年の点描. 松香堂.

井上充幸. 2007. 灌漑水路から見た黒河中流域における農地開発のあゆみ [J]. オアシス地域研究会報, 総合地球環境学研究所, 6 (2) 123-135.

井上充幸. 2011. 明清時代の黒河流域——内陸アジアの辺境から中心へ [M] // 中尾正義編. オアシス地域の歴史と環境-黒河が語るヒトと自然の2000年, 勉誠出版.

金田章裕, 上杉和博央. 2012. 日本地図史 [M]. 吉川弘文館.

児玉香菜子. 2005. "生態移民"による地下水資源の危機 [M] // 小長谷有紀, シンジルト, 中尾正義編. 中国の環境政策　生態移民——緑の大地、内モンゴルの砂漠化を防げるか?. 昭和堂.

児玉香菜子. 2007. エゼネの50年 [M] // 中尾正義, フフバートル, 小長谷有紀編. 中国辺境地域の50年——黒河流域から見た現代史. 東方書店.

小長谷有紀. 2005. 黒河流域における"生態移民"の始まり [M] // 小長谷有紀, シンジルト, 中尾正義編. 中国の環境政策　生態移民——緑の大地、内モンゴルの砂漠化を防げるか?. 昭和堂.

小長谷有紀, シンジルト, 中尾正義編. 2005. 中国の環境政策　生態移民——緑の大地、内モンゴルの砂漠化を防げるか?. 昭和堂.

尾崎孝宏. 2007. "最上流"への流入移民史と生活の現状 [M] // 中尾正義, フフバートル, 小長谷有紀編. 中国辺境地域の50年——黒河流域から見た現代史. 東方書店.

佐藤貴保. 2011. 隋唐～西夏時代の黒河流域——多言語資料による流域史の復元 [M] // 中尾正義編. オアシス地域の歴史と環境——黒河が語るヒトと自然の2000年. 勉誠出版.

承志. 2009. ダイチン・グルンとその時代——帝国の形成と八旗社会 [M]. 名古屋大学出版会.

白石典之. 2001. チンギス＝カンの考古学 [M]. 同成社.

白石典之編. 2010. チンギス・カンの戒め [M]. 同成社.

シンジルト. 2005. 中国西部辺境と"生態移民" [M] // 小長谷有紀, シンジルト, 中尾正義編.

中国の環境政策　生態移民——緑の大地、内モンゴルの砂漠化を防げるか?.昭和堂.

シンジルト.2007.黒河中流域住民の自然認識の動態[M]//中尾正義,フフバートル,小長谷有紀編.中国辺境地域の50年——黒河流域から見た現代史.東方書店.

杉山正明.1997.遊牧民から見た世界史－民族も国境もこえて[M].日本経済新聞社.

杉山正明.2002.逆説のユーラシア史[M].日本経済新聞社.

関良基,向虎,吉川成美.2009.中国の森林再生——社会主義と市場主義を超えて[M].御茶ノ水書房.

トピ、ロナルド.2008.日本の歴史第九巻"鎖国"という外交[M].小学館.

中村知子.2005."生態移民政策"にかかわる当事者の認識差異[M]//小長谷有紀,シンジルト,中尾正義編.中国の環境政策　生態移民——緑の大地、内モンゴルの砂漠化を防げるか?.昭和堂.

中村知子.2007.地域をつくる人々——甘粛省張掖地区の人口流動史[M]//中尾正義,フフバートル,小長谷有紀編.中国辺境地域の50年——黒河流域から見た現代史.東方書店.

中尾正義編.2011a.オアシス地域の歴史と環境——黒河が語るヒトと自然の2000年[M].勉誠出版.

中尾正義編.2011b.環境時代の到来とそのゆくえ[M]//岩波講座東アジア近現代通史　和解と協力の未来へ.岩波書店.

フフパトル.2007.中国の社会主義建設と"西部"の環境[M]//中尾正義,フアパートル,小長谷有紀編.中国辺境地域の50年——黒河流域から見た現代史.東方書店.

古松崇志.2011.モンゴル時代の河西回廊と黒河流域——カラ＝ホト文書から見た下流域エチナの自然と社会を中心に[M]//中尾正義編.オアシス地域の歴史と環境——黒河が語るヒトと自然の2000年.勉誠出版.

堀江満智.2002.遙かなる浦潮——明治・大正時代の日本人居留民の足跡を追って[M].新風書房.

マイリーサ.2005."生態移民"による貧困のメカニズム[M]//小長谷有紀,シンジルト,中尾正義編.中国の環境政策　生態移民——緑の大地、内モンゴルの砂漠化を防げるか?.昭和堂.

籾山明.1999.漢帝国と辺境社会——長城の風景[M].中公新書.

森谷一樹.2011.前漢～北朝時代の黒河流域——農業開発と人々の移動[M]//中尾正義編.オアシス地域の歴史と環境——黒河が語るヒトと自然の2000年.勉誠出版.

弓場紀知.2007.カラホト城は交易都市か——内モンゴル自治区の宋・元時代の遺跡出土の中国陶磁器から[M]//井上充幸,加藤雄三,森谷一樹編.オアシス地域史論叢——黒河流域2000年の点描.松香堂.

吉岡道雅.2007.弱水考[M]//井上充幸,加藤雄三,森谷一樹編.オアシス地域史論叢——黒河流域2000年の点描.松香堂.

社会的流动性与恢复力[*]

—— 从中央欧亚大陆人与自然相互作用的综合性研究成果来看

窪田顺平

1 引言

欧亚大陆的中部地区延伸至非洲大陆北部是一片广阔的干旱、半干旱地区。这一广阔的干旱、半干旱地区是对气温、降水量等气候变动敏感的地带,"干旱"与"半干旱"只因细微的气候变动随时代更迭而交替,故这里也是可从自然科学、人文社会科学两个方面追溯过往的气候变动、人类的反应及人类活动对环境带来的影响等相关历史的地区(Boroffoka et al,2006)。在这一片干旱、半干旱的地区中,中国的新疆维吾尔自治区和哈萨克斯坦、乌兹别克斯坦、吉尔吉斯斯坦等中亚各国及其周边地区均位于欧亚大陆中央的"欧亚大陆内陆",这一地区的特色是流淌着环抱于天山山脉、帕米尔高原等高山的冰川形成的河流。在本文中笔者将此"欧亚

大陆的内陆地区"称为中央欧亚大陆。日本综合地球环境学研究所(以下简称地球研)自2007年起的5年实施了一项"以民族/国家的交错与生产活动的变化为轴心的环境史解析——中央欧亚大陆半干旱地区的变迁"为题的研究项目,此项目通称为"伊犁项目",旨在以资源利用、生活方式变迁的观点来阐明人与自然的历史。关于地球研与本项目的成立,请允许笔者多花些笔墨来说明。

日本综合地球环境学研究所(以下简称地球研)是创立于2001年的日本文部科学省大学共同利用机构,也是为了解决地球环境问题所需学术基础而形成的专门进行专业综合性研究的核心机构。借用首任所长故日高敏隆之言来说,我们的研究建立于"一切地球环境问题的根源,即对于那些试图挑战并妄图支配自然的人类的生存方式,换言之即是最广义的人类'文化'的问题"这一基本认识之上。这意味着环境问题不单单是环境技术、环境政策,而是与政治、经济、社会、文化紧密相连的多层次的问题,我们将人类这一复杂的存在与自然的多样性关系称为"人与自然的相互作用环",并致力于以跨越文理科领域的综合性研究来阐明人与自然的相互作用环,从

---

[*] 原载于[日]《史林》第96卷第1期,史学研究会(京都大学大学院文学研究科),2013:100—127.

而探求具有未来性的社会,以此对解决地球环境问题做出贡献。此外,为了开展综合性研究,地球研没有实行根据既有学术领域划分部门的制度,而是采用了"研究项目"方式,这是一大特点。

地球研创立初期开展的研究项目之一便是"绿洲地区对水资源变化负荷的适应能力评价及其历史变迁(研究代表:中尾正义、通称为'绿洲项目')"。绿洲项目以中国西北部河西走廊的主要冰川之一黑河流域为研究对象,根据年轮、冰川冰芯、湖底沉积物及各种史料明确了当地的环境变化,同时聚焦于该地区最大的制约因素——水资源,考察并阐明了人类对环境变化的适应和人类活动对环境变化的影响。

继其之后,伊犁项目进一步发展了绿洲项目的观点,着眼于承载干旱、半干旱地区主要生产活动——游牧的草原的环境变化。该项目的研究对象是伊犁河及其周边地区,伊犁河发源于中国、哈萨克斯坦、吉尔吉斯斯坦三国的边境线附近,滋养着中国的伊犁盆地并跨越国境奔向哈萨克斯坦,最终流入巴尔喀什湖。中央欧亚大陆的环境问题之一是,20世纪后半期社会主义计划经济下的大规模农业开发,导致的广阔如整个北海道般的世界第四大湖——咸海,在短短40年间干涸,想必这一悲剧很多人都曾听闻过吧(石田纪郎,2010)。导致咸海悲剧的直接原因是苏联时代为获得外汇储备而扩大棉花栽培导致的过度使用灌溉用水,即作为国家政策施行的大规模自然改造。然而,如果缺乏对以下背景的理解就无法看到问题的本质。18世纪俄国和清政府在该地区扩大各自的势力范围,尤其是后来苏联政府倡导下引入的游牧民定居化、农业化、集体化等"现代化"农业导致的社会变化,这些在中亚各国看来是对"近现代"的一种被动性接受(小长谷有纪、渡边三津子,2012)。我们需要弄清楚近代化进程中究竟失去了下面这些过往中的哪些,即近代以前该地区的自然环境及与此相应的生活方式的形态,民族族群的迁移及随之而来的耕作方法等的传播和演变等。伊犁项目的目的在于进行贯穿古今的跨学科综合性研究,捕捉可谓现代文明诟病的环境问题的本质。

本文在追溯伊犁项目中人与自然活动的历史性变迁的同时,还将重新审视欧亚大陆的内陆地区,这是仅通过着眼于咸海问题而无法充分理解的内容。本文还想通过阐明高移动性社会中人与自然的关系,试图考虑应当如何面对灾害。

2 中央欧亚大陆的生态系统、生活方式、民族族群

2.1 地形与气候

欧亚大陆的中部地区延伸至非洲大

陆北部是一片广阔的干旱、半干旱地区。这一片区域包含了多处世界主要沙漠,如世界面积第一的撒哈拉沙漠,以及仅次于它的塔克拉玛干沙漠等。其中,位于欧亚大陆中央"内陆"的是中国的新疆维吾尔自治区和哈萨克斯坦、乌兹别克斯坦、吉尔吉斯斯坦等中亚各国及其周边地区,这一地区的特点是流淌着天山山脉、帕米尔高原等高山冰川形成的河流。

中央欧亚大陆是泛指分布于欧亚大陆中部的乌拉尔·阿尔泰语系诸民族居住地的文化性地域概念(小松久男,2000)。在地理范畴上指的是:东至东北亚,西接东欧,北临北冰洋,南沿黄河、昆仑山脉、帕米尔高原、兴都库什山脉、伊朗高原、高加索山脉的广阔区域。

这一广阔的干旱、半干旱地区不仅分布着平坦的沙漠和草原,其南侧还高耸着西藏高原北缘隆起的祁连山脉、昆仑山脉,中部则自东向西绵亘着天山山脉等。其西侧还耸立着喜马拉雅、喀喇昆仑山山脉及毗邻山脉的帕米尔高原。这些山脉的海拔均超过 7 000 m,因此即便在夏季也是白雪皑皑,存有众多冰川。富含水蒸气的气流遇到山地便沿地形上升导致气温下降,大气中饱含的水蒸气便形成降水落至地面。因此,一般山地降水量随海拔升高而增加。即使像干旱、半干旱地区这种降水量少的地方,山地地区也因这种地形效应得以获得多于低海拔地区的降水量从而形成冰川(中尾正义,2006)。一般认为近年的气候变动导致冰川逐渐缩小,然而这些山上积雪和冰川的融水至今仍流向山麓,在这一缺水地区创造出了例外的水源丰富的奇观,形成了干涸大地上的绿洲,人们只有在这里才能获得谋生空间。

数千年来绿洲周边地区一直进行农业生产。特别是中央欧亚大陆中部的塔克拉玛干沙漠(盆地)南沿、北沿山麓处的扇形地带,各有由北侧天山山脉和南侧昆仑山脉流出的河流冲积而成的绿洲。滋润着这些绿洲周边的水源流向下游,消失于沙漠中。这种不流入大海的河流叫作内流河。内流河多在沙漠中形成湖泊。塔里木河发源于中国与巴基斯坦的边境附近,沿塔克拉玛干沙漠北沿和天山山脉流淌,是中国境内最长的内流河。一般认为梦幻之湖罗布泊曾与塔里木河相连,为其河口湖。对中央欧亚大陆的地理学、历史学、考古学等多个领域产生巨大影响的斯文·赫定和斯坦因也曾围绕罗布泊的地点和成因展开过讨论。

另一方面,现在日本一般将曾属苏联的哈萨克斯坦、乌兹别克斯坦、吉尔吉斯斯坦、塔吉克斯坦、土库曼斯坦各共和国称为中亚诸国。本文研究气候、水资源、生态系统等自然地理方面的要素,以包括当今中亚五国及中国新疆维吾尔自治区在内的地区为主要研究对象，这些国家和地区都位于欧亚大陆的中部，所以笔者将它们视为中央欧亚大陆。然而，在不同时代和情势下，当然也有不得不将这一地区与其外侧更为广阔的地域看成一个整体的情况，在此笔者将这一地区作为主要研究对象。

2.2 多样的气候、生态系统和农牧混合

中央欧亚大陆的气候，尤其是北侧天山山脉周边地区，主要受冬季多发的西伯利亚高压和偏西风带来的低压支配，具有易受山脉走向形成的地形影响的地域性（奈良间千之，2002）。形成降水的水蒸气主要来自西大西洋、地中海的偏西风。天山山脉北侧、哈萨克斯坦以西的地区为冬雨型，雨季从1、2月或早春3月开始持续到4月。西侧的年降水量较多，哈萨克斯坦阿拉木图的年降水量可达700 mm，然而越往东（内陆）降水量越少。中国新疆维吾尔自治区首府乌鲁木齐的冬季降水量几乎为零，属于早春和9月降水居多的夏雨型，年降水量少到仅有270 mm。在南侧地区，夏季印度洋季风带来的充沛水蒸气，使喀喇昆仑山、喜马拉雅山南面获得大量降水。跨越喜马拉雅山脉、青藏高原和昆仑山脉的水蒸气大部分变成了雨水。塔克拉玛干沙漠北临天山山脉、南靠

昆仑山脉、西接帕米尔高原，山地高原的环绕阻碍了各个方向的水蒸气供给，因此它成了中央欧亚大陆降水量最小的地区，这里很多地方的年降水量都不足100 mm。

中央欧亚大陆虽被统称为干旱、半干旱地区，但其中呈现高山、草原、绿洲、沙漠各种景观，具有多样的生态系统。形成这种多样性的原因之一就是东西向降水量的巨大差异和季节性的差异。

中央欧亚大陆以东的蒙古高原受东部季风的影响更大，因此年降水量也再次增加，属于夏雨型气候。夏季降雨对植物生长的惠泽较大，因此蒙古高原的草原生产力比其他地区高得多。这片草原的强大生产力使得家畜群中得以存有阉割后的雄性家畜。开放性地形加上含有众多阉割家畜的家畜群，成了人们迁移的原动力，这些支撑了过去的骑兵集团在军事上的优势。这可以说是骑兵集团带来的军事性掠夺经济（小长谷有纪，2007），故城市的政治功能较强，蒙古高原上鲜有经济发达的城市。另一方面，在降水量小、山地多的西亚，农民和牧民分化为不同的集团，人们活用有限水资源和生物进行生产，促进了连接两者的城市其交换经济的发达（应地利明，2009）。相当于现中亚诸国的这一地区位于其间，虽有丰饶的草原，却因地中海性冬雨型气候致使的夏季

干燥,导致生产力劣于蒙古地区。于是产生了以农耕来弥补这一弊端的多样的农牧混合型生产。此外,天山山脉等山地的高海拔地区有中国的裕勒都斯高原、哈萨克斯坦的阿西尔高原等丰饶的草原。天山山脉呈南险北缓的非对称性地形,这种地质构造形成的高原地形海拔近3 000 m。夏季利用高海拔地区的草原资源,冬季则居住于低海拔地区,这种利用海拔高度差的移牧形态至今仍可见。

应地利明(2012)依据彻底的田野调查,着眼于对农业、畜牧业形态具有重大影响的降水量及其季节性分布,以及这一地区中心部东西走向的天山山脉南北两侧的非对称性、山地降水与冰川融水形成的"水利资源"等,根据生态系统及与之相应的生活方式的不同,将中央欧亚大陆分为以下3种类型:①以塔里木盆地的边缘地区、天山山脉和昆仑山脉山麓的绿洲城市为中心的耕种主业地区;②天山山脉北麓的农牧混合地区;③北部大片的畜牧业地区。应地利明还将各民族在各地的分布做了地理性对应。特别是他就塔里木盆地边缘的绿洲农业地区——"耕种主业地区"所做的研究中,分别以村落和民族族群如汉族、维吾尔族等为比较对象,逐一对比了其灌溉、整地、播种、收割、加工等一系列的耕种技术和播种方法、使用农具等的详情,他还考察了东西向技术传播

的历史,明确了各生态系统、生活方式、民族族群之间的关联。应地利明笔下的类型是中央欧亚大陆前近代的生活方式形态,如笔者之前所述,这一地区因细微的气候变动在干旱、半干旱间交替变化,所以对其影响进行考察便可以进而考察环境对人类生态系统的影响和人类对气候、生态系统变化做出的适应行为这两个侧面。

2.3 咸海湖底的克瑞德日（Kerderi）遗迹

关于中央欧亚大陆的研究,20世纪90年代以前由于政治形势所致一直以苏联等各国为中心。虽说积累了很多可以沿用至今的考古学、地质学等领域的研究成果,但如咸海等的湖水水位变动以及根据冰川冰芯和年轮等进行气候复现等研究则是苏联解体后才真正开始的。特别是对干涸的湖底进行的遗迹调查和地质学钻井作业,其中得出了许多对研究咸海湖水水位变动具有划时代意义的见解。其中之一就是2001年于咸海干涸的湖底发现的克瑞德日(音译,哈萨克语原名为Kerderi)遗迹。克瑞德日遗迹中还残留着清真寺建筑,埋葬于其中的女尸相当出名。另外,清真寺附近有农田的遗迹,发现了种植谷物很可能是小麦的痕迹,还发现了许多用于碾碎谷物的臼。克瑞德日

遗迹调查是在跨学科研究项目"CLI-MAN"*下进行的,该项目以哈萨克斯坦的考古学研究所为首,中亚、俄罗斯及欧盟诸国的研究者也参与其中。遗迹中出土了中世纪后期多用于咸海西南侧地区的特色性青瓷,此外清真寺建筑材料的年代测定等也表明,该遗迹形成于13—15世纪间。

而且,根据对"CLIMAN"项目中挖掘出土的咸海湖底沉积物核的分析,13世纪盐分浓度的急剧上升及锶浓度的大幅度变化得以被记录(Boroffka,2010)。发源于帕米尔高原的两大河流锡尔河、阿姆河均汇入咸海。但两大河流流域的地质不同,所以阿姆河水的锶含量较高,锡尔河则较低。这一时期沉积物中的锶浓度大大降低,显示出阿姆河的河道改向西流,经由现在的乌兹博伊地区流向里海。从当时遗迹的分布情况来看,锡尔河大部分的河水通过其支流约纳河汇入阿姆河,可见它是从远方流向里海的。学界认为这是13—15世纪水位下降导致的。当时的水位下降约达25 m,与2002年前后的里海相差无几,学界普遍认为现被称作大咸海的部分当时几乎处于干涸状态。

不论河川流向大幅改变的原因如何,这种现象常发生于倾斜度平缓的河口三角洲,并不稀奇。关于13—15世纪阿姆河转流里海的流向变化和咸海的水位下

降,当时历史文献中的许多相关描述留存至今(Boroffka,2010)。其原因众说纷纭,一种以欧洲学者为主的意见根深蒂固,即成吉思汗西征时破坏了灌溉设施(水坝)导致流向发生变化。而且学者们认为这种中世纪发生的水位变化(流向变化)时隔约百年又再次发生,且第二次的水位变化是因帖木儿破坏了灌溉设施,多数学者认为原因在于人为改变。但是,这可以说明灌溉设施的破坏导致了最初的流向改变,却无法说明流向之后又恢复至从前的原因。这种"(人为)破坏说",听起来像是俄罗斯等曾受成吉思汗及其后各次蒙古军队侵略的国家对侵略者进行的某种政治性渲染。

总之,从Boroffka的研究来看,关于13—15世纪的水位下降,特别是下降停止(湖复活)的时期,尚有许多未经证实的内容,然而考虑到中断期的存在,笔者认为这段时间约为短短百年。在此笔者关注的不是其原因。而是在这包含中断期在内的短短期间内,人们住进干涸的湖底从事农耕,还形成了聚落并建造了清真寺一事。当时

---

* 由德国地球科学研究所主导,俄罗斯、哈萨克斯坦、乌兹别克斯坦等国的气候学、地质学、考古学、生物学等方面学者参与进行的研究项目。该项目旨在明确过去的气候变动对咸海地区生态体系和人类带来的影响,于2002—2006年对咸海湖底的沉积物进行了采集和考古学调查等,发表了多项科研成果。

的沉积层同现在的湖底表层一样盐分极高，与现在的环境相同。1960年以来水位下降后，湖底析出了大量含盐粉尘，严重影响了周边居民的健康。如果当时也出现了同样的情况，那么当地的环境绝不算好。然而，此地不仅被不断迁移放牧的游牧民使用，而且一般来说具有高定居性的农民也聚居至此，形成了聚落还建造了清真寺，这点值得深思。可见在中央欧亚大陆中部大片的干旱、半干旱地区，人们根据环境变化和时代变迁理所应当地更换居住场所。人类族群的高移动性，是拥有多元文化的人群共存于此，也就是形成所谓多元化的中央欧亚大陆的主要原因之一。咸海问题是社会主义计划经济体制下的现代化农业开发带来的，这种理解虽然没错，但是如果无视当地过去的游牧生活历史来谈论这个问题的话就有些片面了。

3 过去一千年的环境变化与对其的适应过程

3.1 气候变动与水资源、草原

在考虑干旱、半干旱地区的生活方式与气候变动的关联时，农业的基本要素虽为降水、气温等，但这里仅靠大气降水很难满足农业需求，农业依靠灌溉才得以发达，所以河川径流量的变化也就成了重要因素。着眼于此，笔者等在绿洲项目中，重现了发源于青海省祁连山脉，经甘肃省流入河西走廊张掖、酒泉等绿洲城市，注入内蒙古自治区的黑河流域在过去一千年中的河川径流量（Sakai et al，2012），还在考虑农地用水影响的前提下，讨论了气候变动和人类活动对河口湖水位的影响。另一方面，畜牧业尤其是依存于天然草地的游牧业与草原状态紧密相关，这一点是很容易就能推断出的。因此，草原的分布和生产力会随气候变动而变化，我们可以预见的是过去的气候变动也影响了对放牧地点的选择和季节性移动的模式等，但是尚未见到进行实证探讨的例子。所以，在伊犁项目中，我们从冰川冰芯、树木年轮、巴尔喀什湖湖底沉积物等中取样，同时使用既往研究的数据，复原了该地区过去一千年间的气温、降水量、湖水水位变化等气候变动和湖环境相关情况。此外，我们以复原的气温、降水量数据为基础，复原了河川径流量和过去一千年间稻科草本植物的潜在性分布情况，调查了这些与史料等明确记载的游牧民活动区域等的关系，讨论了人们对气候变动的适应情况。

3.2 气候及环境变动的复原

想要了解过去气候变动时，像现在这样使用我们手中的温度计与雨量器进行观测的数据，最久也不过200年不到。因

此，为了弄清过去气候变动的情况，这里主要采取自然科学的方法，即利用海底和湖底沉积物、冰川和冰床的冰（冰芯）或是树木年轮等保存至今的过去的物质样本，在此做一简要说明。

首先是湖底沉积物。沉积于海底或湖底的物质基本上是按从现代到古代的年代顺序沉积形成的。因此，对各层的土粒和各种化学成分、硅藻、花粉等的动植物遗体及其中所含的氢、氧同位素进行对比等，就可以复原过去的环境。年代判定则通过动植物遗体等中的碳元素进行推定。对这些沉积物等进行钻孔后取出的圆柱形试样，一般称为岩芯。

另一方面，冰川上每年有数十厘米，有的冰川甚至有数米厚的积雪。冰川上层被称为涵养区的部分几乎从不消融，按冰川表面新积雪到深层旧积雪的顺序沉积。如果使用特殊的钻头从冰川上层表面提取出圆柱形的试样，就等于提取出了各时代的积雪。这样的试样被称为冰岩芯，又叫冰芯、冰核。根据冰芯计算出的各年涵养量，可以说是能够直接复原过去降水量记录的唯一的好方法。此外，降雪在大气中形成的过程与气温相关，因此对比形成降雪的水汽中所含氢、氧的稳定性同位素，不仅使气温的复原成为可能，而且也可以明确冰中含有的二氧化碳等多种大气成分的变动情况。

树木的生长量受降水量、气温的影响较大，因此调研树木大小，不论是气温还是降水量都可以得以复原。关于树木年轮，在进行气温、降水量观测期间，我们不仅获取年轮宽度与降水量、气温之间的关系来复原过去的变化情况，还利用树木细胞形成时会从大气获取氢、氧固定于细胞内这一特点，使用了同位素分析来复原气温、降水量（准确来说是湿度）的方法。

在伊犁项目中，我们首先使用 Esper 等（2002）在天山山脉获取的树木年轮宽幅变动与 Thompson 等（1995）根据克里雅冰盖的冰芯推测出的含氧量结果，复原了研究对象地区中心城市阿拉木图过去1 000年间的气温、降水量。又运用复原出的阿拉木图气温、降水量数据，依据考虑到了冰川消长等的数值模型（一般称为水文模型），复原出了伊犁河山地地区的径流量（图1）。其结果为，前半期到15世纪为止是相当于欧洲中世纪温暖期的温暖、干旱的气候，16—18世纪间则是被称为小冰河期的寒冷、湿润的气候（坂井亚规子，2012；竹内望，2012）。复原出的气温（此处指6—8月气温）变化用绝对值来看的话约为1℃。另外，降水量的变动幅度为300 mL左右，考虑到现在阿拉木图的年降水量为700 mL，可见当时变化幅度很大。复原出的河流径流量与降水量的变化几乎一样。13世纪初,河流径流量是过去1 000年间最少的,这与解析咸海、巴尔喀什湖湖底沉积物的岩芯确定出的水位下降时期几乎一致。

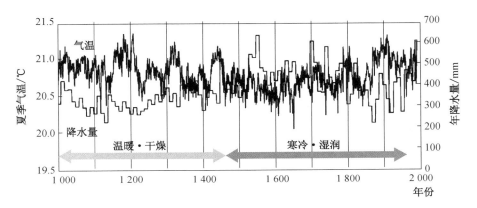

（a）夏季气温与年降水量

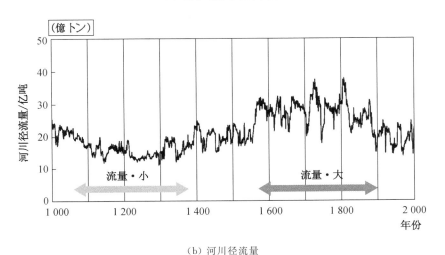

（b）河川径流量

图1　复原出的过去一千年间阿拉木图的气温、降水量和源于山地(冰川)的河川径流量
**　　　变化(引自酒井2012,笔者做了些许改动)**

由此可知,中世纪巴尔喀什湖、咸海水位下降的原因之一是当时的气候(降水量、河流径流量)变化。其中,巴尔喀什湖的水位变化并不是十分显著,用前文提到的水文模型进行试算便可用降水量变化来说明(引自大西健夫氏寄与笔者的信件),总体来说可将其视为自然的变动。另一方面,据湖底沉积物的分析和湖底遗迹等的推测,可以认为中世纪咸海的水位下降值达到了可与现代的水位下降相匹敌的 25 m(Boroffka,2010),笔者认为这已超过了山地地区河流径流量变化能够解释的程度。加上当时处于最盛期的绿洲城市的农业灌溉用水增加等人为影响,在此暂且不论其原因是否在于人为,笔者认为如本文 2.3 节中讲到的那样,阿姆河河道变化的影响较大。

其次,学者们依据形成该地区草原的主要稻科植物的分布与现在气候的关系,运用复原出的阿拉木图气温、降水量数据,推定了过去植物分布的变化情况(堀川真弘等,2012)。这种方法是,先找出现在的植被分布与各地区气温、降水量的关系,再根据用这种关系复原出的气温、降水量,来推定各种植被的分布范围。现在植被经人为改变的地区有很多,所以当时使用了排除人为影响的潜在性植被分布。伊犁项目使用了哈萨克斯坦地理学研究所印发的哈萨克斯坦全国潜在植被分布图。因未能获得中方这方面的信息,所以我们只把哈萨克斯坦作为研究对象。而且,我们之所以以稻科草本为研究对象,是考虑到它是与该地区代表性生产方式——游牧紧密相关的资源,且森林等木本植物因气候变化而发生改变并形成一定的分布需要很长时间。这种方法以现在使用大气循环模型进行的气候变动预测为基础,来进行植被和农业生产量变化的推定,是将复原出的气候值套入过去的方法。不过虽然我们是按照推定手法应有的顺序展开研究,但由于具体性的验证尚不充足,所以得出的不过是推定值,这点还请读者予以理解。

从复原出的过去 1 000 年间的分布变化(图 2)来看,稻科草本植物分布区域的扩大与缩小的程度都比想象中的大。而且值得注意的是,稻科草本植物在哈萨克斯坦全境分布区域的扩大或缩小与在其南部(伊犁河流域)的情况并不一定一致。也就是说,哈萨克斯坦南北部地区因气候变化带来的草本分布的扩大或缩小不相同。对比最为干旱的中世纪温暖期与小冰河期(图 3)可见,南部地区的分布地域在中世纪温暖期缩小,在小冰河期扩大,而北部地区则出现了相反的变化,即在中世纪温暖期扩大,在小冰河期缩小,笔者认为南北的草原分布对同一气候变化的反应不同。

究其原因在于,北部是较为平坦的地形,而南部则有天山山脉等高山,南北地区受气温与降水量变化的影响不同,北部分布的决定性因子是气温,而南部则是降水量。

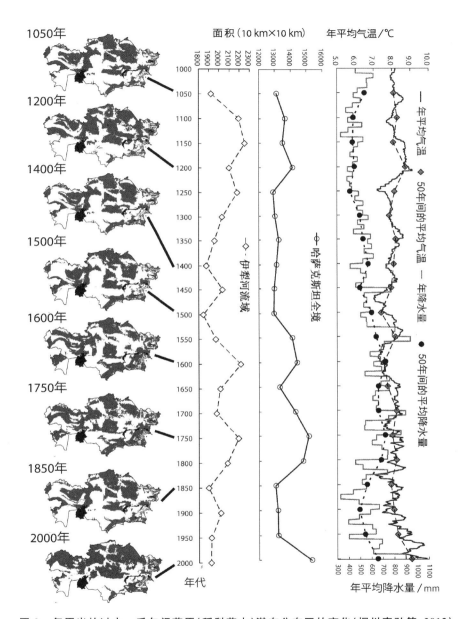

1050年
1200年
1400年
1500年
1600年
1750年
1850年
2000年

面积（10 km×10 km）
年平均气温/℃

年代

— 年平均气温
◆ 50年间的平均气温
— 年降水量
● 50年间的平均降水量

— 伊犁河流域
— 哈萨克斯坦全境

年平均降水量/mm

图2　复原出的过去一千年间草原（稻科草本）潜在分布区的变化（堀川真弘等,2012）

67

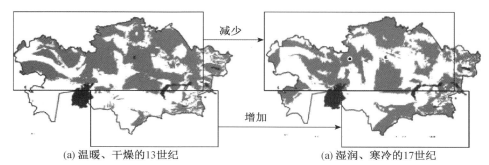

減少

増加

(a) 温暖、干燥的13世纪   (a) 湿润、寒冷的17世纪

图3   13 世纪与 17 世纪草原潜在分布区的对比
注：南部的分布地区显著扩大，而北部地区却在缩小。

3.3　人类对气候、环境变动的应对

　　从哈萨克斯坦南部的天山山脉北麓地区，即所谓的丝绸之路地区来看，中世纪的温暖期相当于绿洲城市的繁荣期。当然远距离交易带来的财富是其繁荣的源泉，不过笔者认为扩大以绿洲城市为中心的灌溉农业也是人们适应干旱气候的结果。虽然并非所有年代都已得到确认，不过有报告显示过去咸海周边的农耕区域总面积比苏联时期的面积还要宽广（Boroffka，2010）。据绿洲项目对黑河流域的解析（坂井亚规子，2012），元代以后黑河流域的绿洲城市其周边实施的屯田开荒增加了水资源的利用，引发了下游的水资源不足。而且，灌溉农地的增加主要是因为政治原因和经济繁荣带来的都市人口的增加，但是也不能否定降水量的减少迫使人们更加依赖灌溉的这种可能性。应地利明（2012）在上文提及的中央欧亚大陆生态系统、生产方式分类的基础上，又分析了聚落内的土地使用组合，讨论了当时对干旱的抵抗举措，指出了通过灌溉农田从而适应干旱的重要性。可是对灌溉农田的依赖也是对有限资源的再分配，降水量减少导致水资源不足时反而增加灌溉农田，加剧了下游水资源的不足，很可能由此发生了恶性连锁反应。不管怎样，过去人为的水需求的增加也一定引发了环境问题。复原整个咸海流域农田面积的变迁是一大难题，必须进行像对黑河流域那样的定量分析，并进一步探讨人们是如何应对的才能较为准确地实现。

　　另一方面，小冰河期后半期的草原扩大期，与被称为最后的游牧帝国的准噶尔时代相当。图4（a）显示了历史史料中明确记载的这一时代的放牧地与推测得出的草原分布地之间的关系。笔者调查了过去 1 000 年间被推测为草原的年数，做成了草原稳定性示意图，即某地曾是稳定的草原还是几乎从未形成过草原，如图4（b）所示放牧地的位置是重合的。

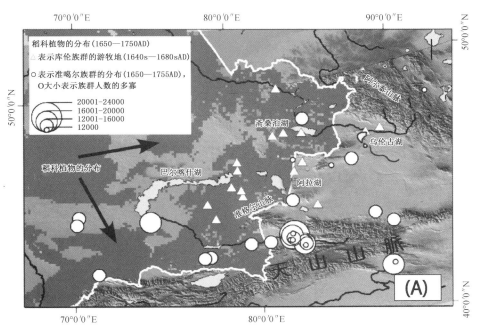

（a）文献中明确记载的 17 世纪斡亦剌惕·库伦族群放牧地点（△）的分布和 18 世纪准噶尔游牧族群的放牧地点（○，大小表示集团人数）的分布与同一时代草原潜在分布地区的对比。

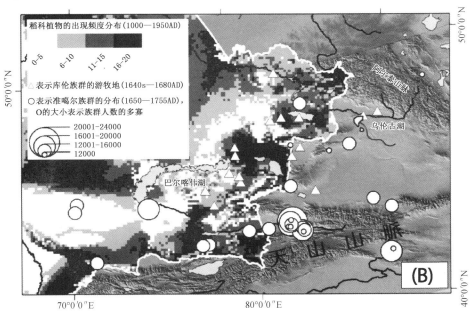

（b）1 000 年间草原形成的推定频度（以 50 年为单位，推定出的草原形成的次数）与放牧地点的对比。

图 4　17 世纪库伦族群放牧地点及 18 世纪准噶尔游牧族群放牧地点对比，一千年间草原推定频度与放牧地点对比
　　注：标黑处表示推定为稳定性草原的地方，标白处表示几乎未形成草原的地方。推定认为斡亦剌惕·库伦族旅顺的放牧地点位于较稳定的草原，而准噶尔游牧族的几个分支，还深入了仅形成于这一时代的草原（奈良间千之，2012）

在此作为分析对象的游牧族群是由1 200名僧侣组成的佛教徒斡亦剌惕·库伦(乌云毕力格,2009)和"准噶尔帝国"时代的游牧族群(引自承志)。由鄂齐尔图·台吉、阿巴赖·台吉兄弟率领的斡亦剌惕·库伦是在"准噶尔帝国"之前就已开始广泛活动的西藏佛教团体,库伦是指适用于蒙古族游牧生活的佛教寺院。库伦由各种佛教相关的移动式住居(蒙古包)构成,是向往自由迁移过着游牧生活的蒙古人宣扬佛法的信徒。他们从蒙古贵族斡亦剌惕(亦称为瓦剌、卫拉特等,校译者注)和平民那里获得大量家畜(马、牛、羊、山羊、骆驼五类)和财产等的施舍,拥有众多家畜的库伦中存在着被称为善比纳鲁(音译)的从事畜牧业生产的人。如图4所示,17世纪斡亦剌惕·库伦的放牧区域,既有位于长年较为稳定的草原地区,也有向低海拔平原地区发展的。18世纪的准噶尔族群也使用了当时扩大形成的草原,其中一部分据预测可能是过去1 000年中仅在那一时期出现的草原(奈良间千之,2012)。但是将草原的扩大与"准噶尔帝国"的兴盛直接联系到一起,这种所谓环境决定论式的想法不免过于武断。不如将其视为迁移中形成的适应性,即以放牧为生活方式的民族,根据气候或环境的变动调整其活动范围而带来的必然结果更为贴切吧。

哈萨克斯坦游牧文化遗产研究所根据俄罗斯、苏联时代的遗迹调查结果,总结了锡尔河、阿姆河注入咸海河口附近的下游三角洲处各遗迹的年代分布情况,据此我们可以看到,村落集中的地点和形式随时代变迁而变化,这与阿姆河、锡尔河河道变化导致的咸海水位下降相对应(图5;窪田顺平,2012)。这些三角洲地区的遗迹周边,留有前文中提到的克瑞德日遗迹那样的农田的痕迹,可见当时是以农业为主要生产方式的。这表明即便是具有高定居性的农业人群,也会结合干旱地区水资源的变动(此处为河道的变动)不断迁移。可见,自不必说这一地区游牧民,迁移也曾是农业人群适应环境变动的手段。

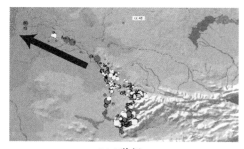

(a) 9世纪

(b) 13世纪

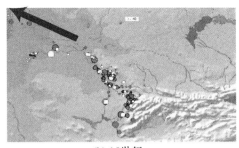

(b) 15世纪

图5　锡尔河流域聚落的变迁

注:右上为巴尔喀什湖,左上为咸海。聚落沿着源于天山山脉的锡尔河分布。下游流域的聚落于9世纪时直连咸海,13世纪时西侧约纳河的支流沿岸出现了聚落。这一时代锡尔河大部分的河水流向这条支流,再向西流经阿姆河汇入里海。进入15世纪后,支流附近的聚落逐渐减少,流向咸海的锡尔河主干流域沿岸再次形成了聚落。这些表明聚落随河流流向改变而迁移。

如前文所述,中央欧亚大陆的自然环境,东西向具有降水量及季节性的差异、南北向具有气温差带来的多样性,还具有细微气候变动带来的干旱、半干旱随时代变化而交替的变动性。加上便于移动的草原、沙漠等开放性地形,游牧这种移动性高的生活方式曾与这里多样且变动性大的环境相融。一方面水资源的稀少性也迫使高定居性的农业人群时而迁移。这种人与自然的相关性赋予了中央欧亚大陆别具一格的特点,这里生活着具有多样的历史、文化、生活方式的人群,他们通过迁移与生活方式的变化组合等方式适应着环境并与之共存。进一步来说,游牧民族的高移动性是亚欧大陆的自然环境所孕育的,包括具有高定居性的农业人群在内的结合干旱地区水资源的变动而引起的移动性是中央欧亚大陆多元社会的根源所在。

4　对近代化的被动接受

4.1　国境的出现与社会的演变

18世纪后半期以来,中央欧亚大陆被俄国和清朝划上了之前不曾存在的明确的国境线。国境分断了彼此相连的区域,俄国一侧与清朝一侧从此分道扬镳,这也是游牧民族骑兵军团丧失其军事优越性的时代转折点(杉山清彦,2012)。

国境的出现使跨越边境的越境者们的相关记录成为移动的证据留存了下来。根据复原出的气温记录,18世纪后半期正处于过去1 000年间最为寒冷的时期。因此,留下了严冬大雪时越过国境的大规模集体迁移的记录(野田仁,2012)。另一方面,当时俄国一侧,即现在的哈萨克斯坦一侧,从19世纪后半期起开始涌入俄国农民,加上俄国实行的行政制度改革与牧区界限的固定化等政策,游牧民族的迁移逐渐受到限制,最后被编入了属地式的经济体制中。

接着苏联成立,在社会主义体制下实施了游牧民的集团化、定居化政策。尤其是 20 世纪 30 年代以后的集团化、定居化，迫使以游牧为主业并以迁移作为适应环境的重要手段的社会发生了大混乱与演变（地田彻朗，2012）。在此混乱中发生的哈萨克斯坦 1932—1933 年饥荒，与乌克兰大饥荒并称为现代史上世界三大饥荒之一，有种说法认为当时哈萨克人总人数的 42％，即多达 175 万的游牧民饿死（小长谷有纪、渡边三津子，2012）。这个数据可能包含了逃荒的人数，且调查方法不同，也无法否定统计水平存在问题的可能性，但是出现了众多死者，造成了人口减少是毫无疑问的。虽不清楚气象因素是否起到影响，也有用文学性字眼"大朱特"（哈萨克民族所用的表述）来形容这个悲剧的（宇山智彦，2012）。下文中讲述的气象灾害朱特的影响也不容忽视，但是这是生产方式、社会体制的巨大变革带来的社会性灾害。近代以前以游牧民为中心的社会并不向往近代化，游牧社会也不是自发地筹划并走上了近代化道路。对于游牧民为主的这一地域的人们来说，伴随农业的导入而引发的社会变革可以说是接受近代化的过程，是国家主导产生的被动性接受。

之后，在近代化的名义下，集体体制下的农业和畜牧业被彻底分离。与其说是农民或牧民，不如说是分工化的工厂劳动者。虽然畜牧业在形式上还保留着在冬牧区、夏牧区间迁移的形态，但已经转变成了由高度依赖转为农地后的牧场产出的饲料的形态，成了完全不同于以往游牧的生产方式。仿佛是为了填补饥荒导致出现大量死者而产生的所谓空白地段。乌克兰等国的领导人以振兴农业为目的，让乌克兰农民移居此地，后来又加入了世界大战中对德国甚至是朝鲜的强制移民。

4.2 "朱特"的频发与畜牧业的近代化

中央欧亚大陆的游牧地区，冬季及其前后气温急剧下降等气象条件使得大量家畜死亡，有时也会出现致使牧民们挨饿的气象灾害。这种现象在哈萨克斯坦被称为"朱特"，在蒙古地区叫作"遭道"（音译）。俄国合并哈萨克草原后的 19 世纪以来"朱特"频发。这一时代正处于 18 世纪寒冷小冰河期刚刚结束之时，依然是较为寒冷，结果导了"朱特"频发。不断强化支配游牧民的俄国政府为了应对频发的"朱特"，倡议夏季割取自然草地的牧草，晒成干草留作冬季的饲料。不久就演变成完全依靠农地产出的饲料，走向了"畜牧业的近代化"。蒙古直到最近仍受"遭道"侵害，而哈萨克斯坦自 1940 年后随着"畜牧业近代化"的不断发展，已几乎不受"朱特"影响了。所以，出现了克服"朱特"是社会主义时代的近代化成果这种宣传，然而原本是农民的涌入和农田的扩大,导致游牧民们失去了丰饶的草原,他们的迁移受到限制被迫在不适合冬季放牧的地区过冬,才使"朱特"发生的几率增加,这很可能是与气候变动无关的社会性灾难。而且,收割自然草场、利用干草、增加并依赖农田的饲料种植,是对失去迁移的畜牧业实施的补偿性政策(宇山智彦,2012)。

原本"朱特"这样的自然灾害被作为一种政治言论,即传统游牧业是脆弱的,为推进近代化的必要提供了正当性。对比蒙古的"遭道"来看,1940年以后哈萨克斯坦渐渐意识不到"朱特"的存在了,而蒙古现在依然存在"遭道"。受害程度的不同可以替换为两地区发展近代化动力的差值(小长谷有纪、渡边三津子,2012),也可以看作是被迫接受社会变迁的程度。

4.3 苏联解体及解体以后

由于近代化带来的生活方式变化与分工化,使我们失去了历史上多样的生活方式与传统的智慧。应地利明(2012)将这种苏联时代比喻为"冰河期"。苏联的解体再次给这一地区带来了巨大的混乱。中亚各国在由社会主义计划经济向市场经济转型的过程中,也存在巨大的差别,乌兹别克斯坦保留国营工厂采取缓慢的过渡,而哈萨克斯坦、吉尔吉斯斯坦则选择了剧烈的过渡方式。这两国经济体制

的急剧过渡再次引发了该地区的社会变迁与混乱。也可以说通过近代化克服了自然灾害的社会,因对其体制的过分依赖而引发了混乱。不管怎么说在从前的社会主义市场经济下,适应了苏联式分工生产体系的人们,是极难适应市场经济的急剧转型的。

在集体农场等集体生产体制解体,土地分配给个人的过程中,也存在仍由集体维持原有体制的形式发展的个别情况,然而对于担负着分工化农业、畜牧业至今的人们来说,无法再回到以前的游牧状态(渡边三津子,2012)。应地利明将此视为冰河期的结果,称其为"后冰河期"。

从环境问题方面来看,盐害多发且经济成本不合算地区的众多农田被荒废。然而,计划经济下原本因为农业开发所加重的环境负荷反而得到了大大缓解。可以说留存至今的农田,都是因环境负荷较小,且具有经济合理性而被保留下来的。

然而,咸海地区由于失去了莫斯科对水资源的统一管理,致使依赖水力发电获取能源的上游国家与寻求农业用水的下游国家的对立变得明显。国际机构等为缓和上下游对立而复活咸海的提议未被采纳,上下游国家的对立固化。乌兹别克斯坦开始在干涸的湖底开采天然气,堤防建设使不足原面积10%的"小咸海"得以保全,然而事到如今好像没有人期盼湖水

重回过去的咸海。

中亚诸国的环境问题往往陷入只讨论苏联社会主义计划经济农业开发引发咸海问题的境地,但是对近代化的被动接受,丧失传统生产方式及迁移这一与之密不可分的适应环境的手段等,这种巨大的社会、文化性变迁才是环境问题的根本所在。

5 总结:高移动性与灾害后的恢复力

本文以现中亚五国及中国新疆维吾尔自治区为研究对象,尝试用多种方法明确过去 1 000 年间气候、环境变化和人类对此做出的应对方式。通过文中论述我们可以看出中央欧亚大陆的自然环境是:在大陆范围内东西向具有降水量和季节性的差异、南北向具有温差带来的多样性、还具有因细微气候变化而导致干旱、半干旱地区交替的变动性。加之便于迁移的地形,游牧这种高移动性的生活方式与多样且变化性大的环境曾是和谐融洽的。另一方面,水资源的稀少性也迫使了一般具有高定居性的农业人群时而进行迁移。这种人与自然的相关性赋予了中央欧亚大陆别具一格的特点,这里生活着具有多样的历史、文化、生活方式的人群,他们通过迁移与生活方式的变化组合等适应环境并与之共存。游牧民族具有的

高移动性正是形成于中央欧亚大陆的这种自然环境之中的,即便是具有高定居性的农业人群,在这样的自然环境下也不可避免地顺应环境变化频繁地迁移。干旱、半干旱气候孕育出的广袤草原或是沙漠是其移动性的原点所在。如果将草原或沙漠比作大海,绿洲城市就成了海上据点港湾,这与东南亚等海洋世界是相通的。这与应地利明(2012)指出的"沙漠丝绸之路"与"海上丝绸之路"相似。

一般认为东南亚海洋社会是高移动性社会。生活在这片地域的人们被称为"海漂民"(Sea Nomads),秋道智弥(1995)将过着这种生活的人们称为"海人"。他们以海为生,遭受海啸等自然灾害的侵害。2004 年苏门答腊岛地震引发海啸灾害时,他们遭受了巨大的损失,然而事后对此进行了彻底调查的牧纪男(2011)指出,移动性、流动性提高了灾后恢复力。牧纪男还指出,在构成恢复力概念的 4 个要素——抗灾性(Robustness)、冗余性(Redundancy)、资源性(Resourcefulness)、迅速性(Rapidity)中,高移动性社会兼具"资源性"与"冗余性"两个要素,面对灾害时不仅具有抵抗力,而且具有优越的恢复力。在此之上,牧纪男认为决定恢复力的不是物理性的或是表层性的可移动的生活方式,而是使立本成文(1996)指出的社会流动性和移动性成为可能的

"对人主义性质的人际关系或是关系网"。以干旱、半干旱地区的沙漠和草原为舞台的游牧民在迁移中形成的适应性与关系网中，我们或许可以发现同样的内涵吧。笔者认为这些高流动性社会的可能性，值得进一步探讨。特别是近代化及对体制的过分依赖是否降低了社会的灵活性与恢复力这一点。

伊犁项目主要考察气候变动的冲击对人群或社会产生的影响及其应对措施，虽然并非以灾害为中心进行思考，然而一直具有这样的问题意识，即应对环境变化的高恢复力、具有未来性的社会是什么样的。从对社会的负面影响这个意义来说，气候变动无疑是一种灾害，例如现在面临的全球变暖在某种意义上来说正在缓慢发展。如果只从变化幅度来看过去1 000年间中央欧亚大陆的气候变动、环境变化的话，它们的幅度还比不上现在的全球变暖。由此可预见的未来的冰川缩小或消融，可能具有历史上未曾有过的冲击力。但是另一方面，过去1 000年间实际上中央欧亚大陆特别是哈萨克斯坦，最大的灾难——除清朝发起的平定准噶尔之乱等的战争——是20世纪30年代起苏联实行定居化、集团化、农业化引发的社会大混乱。虽说统计方面尚有不完备之处，但据说多达数十万或是数百万人在这场大混乱中丧生。为什么会

发生这种人为灾害，正是本项目研究的焦点之一。

包括战争在内，全球变暖等环境问题和核能相关的问题也是如此，我们正面临着人类自身酿造的灾害。东日本大震灾以及引发这场灾害的地震和海啸确实是千年一遇或是千年不遇的罕见自然现象，但是我们不能忘记，这是以福岛核泄漏为代表的，人类体系的缺陷导致的复合性灾难。用科学的方法查明以往自然灾害的规模与受灾情况，无疑是历史学者和我们这些研究过去变动的研究者肩负的职责，然而我们必须在此基础上，弄清人们是如何应对这些灾难的，并与社会共同思考人类未来的可能性。笔者所期待的历史学的巨大潜力正在此。

本文是笔者在地球研伊犁项目成果总括——《中央欧亚大陆的环境史》（日文原题为《中央ユーラシア環境史》临川书店，共4卷）的基础上组稿写成的。在此，再次向项目成员和各位执笔者表示感谢。笔者对本稿内容的文责负责。*

————————

＊ 本文是在笔者发表于佐藤洋一郎、谷口真人编纂的《Yellow belt 环境史》中，题为《适应而迁移——中央欧亚大陆的环境变动与人类的适应》一文及其他成果的基础上，经笔者大幅增补、修改而成的。（书名日文原题为《Yellow beltの環境史》，笔者执笔文章的日文原题为《適応としての移動－中央ユーラシアにおける環境変動と人間の適応－》）。

参考文献

秋道智彌. 1995. 海洋民族学―海のナチュラリストたち[M]. 東京大学出版会:260.

BOROFFKA N, OBERHÄNSLI H, SORREL P,et al. 2006. Archaeology and climate: settlement and lake-level changes at the Aral Sea [J]. Geoaechaeology 21: 721-734.

BOROFFKA N, 2010. Archaeology and its relevance to climate and water level changes: a review[M]// In Kostianoy, A. G. & A. N. Kosarev, eds., The Aral Sea environment, the handbook of environmental chemistry, No. 7, Springer-Verlag Berlin Heidelberg, 283 – 303.

CHEN F, YU Z, YANG M, et al. 2008. Holocene moisture evolution in arid central Asia and its out-of-phase relationship with Asian monsoon history[J]. Quaternary Science Reviews 27(3-4): 351-364.

地田徹朗. 2012. 社会主義体制下での開発政策とその理念――"近代化"の視角から-[M]//窪田順平監修,渡辺三津子編.中央ユーラシア環境史Ⅲ.臨川書店:23-76、301.

ESPER J, SCHWEINGRUBER F H, WINIGER M. 2002. 1300 years of climate history for Western Central Asia inferred from tree-rings [J]. The Holocene, 12: 267-277.

遠藤邦彦,須貝俊彦,原口強等. 2012. バルハシ湖の湖底堆積物からみる湖水位変動と環境変遷[M]//窪田順平監修,奈良間千之編.中央ユーラシア環境史Ⅰ.臨川書店:86-136、312.

堀川眞弘,津山幾太郎,石井義朗. 2012. 過去千年間の植生復元――カザフスタン全域およびイリ河周辺におけるイネ科草本植物分布域の変動[M]//窪田順平監修,奈良間千之編.中央ユーラシア環境史Ⅰ.臨川書店:145-152、312.

石田紀郎. 2010. アラル海環境問題――地図から消えゆく沙漠の湖-[M]//総合地球環境学研究所編.地球環境学事典.弘文堂:446-447、651.

小松久男. 2000. 中央ユーラシア世界[M]//小松久男編.中央ユーラシア史.山川出版社:3-14、550.

小長谷有紀. 2007. モンゴル牧畜システムの特徴と変容[J].日本地理学会 E-journal GEO:2-1, 34-42.

小長谷有紀,渡辺三津子. 2012. 中央ユーラシアの社会主義的近代化[M]//窪田順平監修,渡辺三津子編.中央ユーラシア環境史Ⅲ.臨川書店:5-22、301.

窪田順平. 2009. 地球環境問題としての乾燥、半乾燥地域の水問題――黒河流域における農業開発を例として[M]//中尾正義,銭新,鄭躍軍編.中国の水環境問題――開発のもたらす水不足.勉誠出版:15-30、223.

窪田順平, 2012. 中央ユーラシアの人と自然の歴史――ユーラシア深奥部の眺め[J].SEEDer:6、13-18.

牧紀男. 2011. 社会の流動性と防災――日本の経験と技術を伝えるために[J].地域研究:11-2、77-91.

中尾正義. 2006. 來る水、行く水――オアシスをめぐる水の循環[M]//日髙俊隆,中尾正義編.シルクロードの水と緑はどこへ消えたか.昭和堂:39-71、198.

奈良間千之.2002.20世紀の中央アジアの氷河変動[J].地学雑誌,111(4):486-497.

奈良間千之.2012.中央ユーラシアの自然環境と人間──変動と適応の一万年史－[M]//窪田順平監修,奈良間千之編.中央ユーラシア環境史Ⅰ.臨川書店:267-312、312.

野田仁.2012.歴史の中のカザフの遊牧と移動[M]//窪田順平監修,承志編.中央ユーラシア環境史Ⅱ.臨川書店:169-207、268.

応地利明.2009.ユーラシア深奥部──3つの生態・生業系の収斂場－[M]//窪田順平,承志,井上充幸編.イリ河流域歴史地理論集──ユーラシア深奥部からの眺め.松香堂:1-32、315.

応地利明.2012.中央ユーラシア環境史Ⅳ[M]//窪田順平監修.生態・生業・民族の交響.臨川書店:410.

オヨーンビリグ,ボルジギダイ.2009.オイラト・イフ・フレーの冬夏営地とフレーシャンの遊牧地考[M]//窪田順平,承志,井上充幸編.イリ河流域歴史地理論集──ユーラシア深奥部からの眺め.松香堂:65-82、315.

SAKAI A, INOUE M, FUJITA K, et al. Variations in discharge from the Qilian mountains, northwest China, and its effect on the agricultural communities of the Heihe basin, over the last two millennia[J]. Water History, DOI 10.1007/s12685-012-0057-8

坂井亜規子.2012.過去千年間の氷河変動[M]//窪田順平監修,奈良間千之編.中央ユーラシア環境史Ⅰ.臨川書店:153-162、312.

杉山清彦.2012.イリ流域をめぐる帝國の興亡と国境の誕生──ユーラシアの中心から辺境へ－[M]//窪田順平監修,承志編.中央ユーラシア環境史Ⅱ.臨川書店:6-59、268.

竹内望.2012.天山山脈アイスコアからみる中央アジアの気候変動[M]//窪田順平監修,奈良間千之編.中央ユーラシア環境史Ⅰ.臨川書店:16-62、312.

立本成文.1996.地域研究の問題と方法──社会文化生態力学の試み[M].増補改訂版.地域研究叢書3,京都大学学術出版会:368.

THOMPSON L G, MOSLEY-THOMPSON E, DAVIS M E, et al. 1995. A 1000 year climate ice-core record from the Guliya ice cap, China: its relationship to global climate variability[J]. Annals of Glaciology, 21: 175-181.

宇山智彦.2012.カザフスタンにおけるジュト(家畜大量死)－文献資料と気象データー[M]//窪田順平監修,奈良間千之編.中央ユーラシア環境史Ⅰ.臨川書店:240-258、312.

渡辺三津子.2012.“社会主義的近代化”の担い手たちが見た地域変容－イリ河中流域を対象として－[M]//窪田順平監修,渡辺三津子編.中央ユーラシア環境史Ⅲ.臨川書店:78-120、301.

第二部　地域生态史

湄公河流域水产资源管理的生态史[*]

秋道智弥

1 引言——湄公河流域的水产资源

  湄公河全长约 6 500 km，是东南亚第一大河。湄公河也是流经中国、缅甸、老挝、泰国、柬埔寨、越南这 6 国的国际性河流，并于湄公河三角洲注入南海。其中湄公河在老挝境内的北部形成了峡谷地形，而在万象平原以南却流经平坦地带。老挝境内注入湄公河的主要支流有 11 条，表 1 按照长度顺序依次列出了各支流的名称，这些支流均发源于越南境内的安南山脉。

表 1　老挝境内的主要河流

支流名称	长度/km	支流名称	长度/km
NamOu（南乌河）	448	NamBeng（南本河）	215
NamNgum（南俄河）	354	Sedone（色东河）	192
Xebanghieng（色邦亨河）	338	NamXekha-nong（南汕河）	115

续表

支流名称	长度/km	支流名称	长度/km
NamTha（南塔河）	325	NamKading / Nam Theun（南卡定河/南屯河）	103
Xekong（色贡河）	320	NamKhane（南坎河）	90
Xebangfai（色邦发河）	239		

资料来源：UNEP2001。

  湄公河流域及生息于此的水生物为流域内的人们提供了宝贵的蛋白质来源。河流在交通和物资运输方面发挥着重要作用，同时还带来了稻田耕种不可或缺的水分和养分。湄公河流域处于季节性明显的季风气候下，雨季时流域内涨水，周边的农田和居民区因洪水而灌水。在旱季时河流水量则骤减。本文以老挝为例，探讨在这种自然环境下人们是如何利用湄公河流域的水产资源的，以及尝试了怎样的资源管理^{**}。关于该水域内多种多样的渔捞活动和现代发生的改变，请读者参照笔者的另一篇论文（秋道智弥等，

---

* 原载于［日］秋道智彌编《論集 モンスーンアジアの生態史——地域と地球をつなぐ─第 3 卷 くらしと身体の生態史》弘文堂，2008：209-228.

** 本文中的调查是指笔者 2005 年 7 至 8 月、2006 年 1 月于老挝南部占巴塞、色贡、阿速坡三省开展的调查。2005 年 7 至 8 月的调查中，前半为笔者与桥村修共同进行，后半及 2006 年 1 月的调查为笔者单独完成。

2008)。

至今为止,笔者已就湄公河水系的水产资源发表了相关论文和研究报告(秋道智弥,2005b,2006a,2006b,2007a,2007b)。另外,十分有必要对湄公巨鲶等远距离洄游性鱼类资源进行跨国性的广域管理,然而湄公河上游的水利工程和老挝境内的岩层爆破工程等给水资源带来不良影响的人为因素却日益显著,由此显现出水资源管理方面尚存在不少的问题。对此,笔者在另一篇文章中进行了论述(秋道智弥,2008b)。

基于上述论点,本文将详细论述湄公河及其支流、水渠乃至水田这些水域中多样的水产资源的利用方法和管理。同时以水产资源为切入口,描绘出该地区的生态史。

2 渔场使用权的多样性

分布于湄公河主河道、支流、支流的分支、水渠、水田、水塘等广水域的水生动植物,一直作为资源得到多元利用。其中不仅有鱼类,还包含贝、虾、蟹等甲壳类以及水生昆虫、青蛙、水草等。男女皆从事水产资源的捕捞,其形式也从自给型的渔业到具有娱乐性的活动、节庆性的渔业、商业性渔业等多种多样(秋道智弥,2007b,2008a)。

水产资源的利用途径大致可分为两

种:一种是任何人都可以利用的开放性途径,另一种是设定了一定限制的限制性途径。然而,在渔场的实际使用中,并不单纯是这两种分法(秋道智弥,2004a)。

本文中重点介绍的鱼类保护区是指20世纪90年代将河渊设为圣地(Sanctuary)而进行的尝试。为此在考虑渔场的性质及季节性变化的同时,必须将使用权这种现代性的变化也考虑在内。首先需要明确的是,渔场的使用权并非固定不变的,而是具有流动性且富于变化的,有时还存在难以界定的情况。

1990年以来,老挝在湄公河水系各村落设立鱼类保护区(Fish Conservation Zone,FCZ)的政策得到大力推进。这起初是在国际机构主导下开展的,2000年前后逐渐转向以村落为基础的利用形态(秋道智弥,2006b)。

下文立足于开放性途径、限制性途径和圣地(鱼类保护区)的三极关系,重点关注三者互相转换的过程,就水产资源的使用权展开论述。下一节将首先确认河流保护区以外的传统性河流使用权、水田及水塘等区域的渔业习惯。并在此基础上明确近年来湄公河水系内水产资源管理的生态史(图1)。

2.1 水田渔捞

综合目前在老挝、柬埔寨、泰国进行

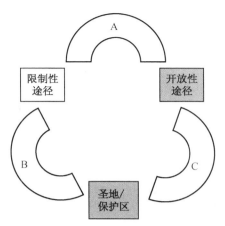

图1　水产资源利用权的三极关系

注:A、B、C 表示资源量变动和社会协议促使权力关系发生变化的过程。

的调查与观察可知,即使是在特定个人或团体持有的水田内,允许他人进行渔捞的情况也很多。例如,在泰国北部的黎河流域(秋道智弥,2004a;大西秀之,2008)、流经老挝南部和柬埔寨的洞里萨湖周边,人们可以在收割后的水田里自由地捕捉躲藏在泥土中的鱼类(秋道智弥,2008b)。而在老挝中部地区,我们发现即便是在稻子的生长过程中,也有稻田所有者以外的个人使用小型流刺网自由地捕鱼(引自桥村致笔者的私信)。水田渔捞中使用的渔具有鱼笼、投网、捞网、笊篱、挡网、流刺网、捕蛙专用的置钩等。

不过在水田取排水和灌溉用水渠的进出口处设置捕鱼器竹笙来捕捞从水田中游出的鱼时,必须事先获得许可,这是因为设置的渔具超出水渠边界伸入了他人的水田。若未经许可私设竹笙捕鱼,必须支付罚金。以老挝南部阿速坡省奥义人居住的 Langnao Nua Khao 村为例,那里有罚款 10 万基普(相当于 10 美元)的惯例(图 2)。

图2　设于水田排水口的竹笙,待鱼从右侧的水田游出时将其捕获(照片摄于老挝南部阿速坡省)

关于水田内小水塘的形成原因,笔者推测有以下几种情况:如雨季时水田灌水,到了旱季水也未退去便形成了水塘;又如在原本就是水塘的周边湿地开垦水田,便出现了水田中间留有水塘的情况等。无论是哪种情况,都可在水田内的水塘中自由地捕捞鱼和水草,然而采集莲子则是被禁止的。因为莲池无论私有还是公有,一般都是播种后进行半栽培的,莲子属于人们的现金收入源。

关于流淌于水田间的水渠的使用权,

若两侧水田的所有者为同一人，使用权当然归其所有，若两侧水田的所有者不同，则由双方协商决定或共同使用。

例如，只有水田的主人才可以在田畔设置捕鲶鱼的鱼钩。虽说是水渠，其大小也各不相同，不得不说水渠渔捞的权限存在界限模糊的情况。

还有一种捕鱼法是，在水田中挖方形孔洞并在其上方堆积柴木、竹枝等作为诱鱼装置，待到旱季一举捕捞藏身其中的鱼群。老挝人把这种装置称为"陆姆"（音译，校译者注）。"陆姆"长、宽约 3 m，深 2～3 m。一般是水田主人在自家水田内设置，不存在去他人水田设置的情况（秋道智弥，2007b）。不光是水田，在湿地和水塘中也可设置"陆姆"。湿地和水塘一般为全村共有，不过"陆姆"的使用权则归设置的个人所有（图 3）。

图 3　设于水田内的"陆姆"，上方堆柴，形成鱼群的避难所（照片摄于老挝南部占巴塞省 Langnao Nua Khao 村）

连接水田和田埂的水渠（音近 Hongna）可以设置将鱼引入竹筌并捕获的装置（音近 Tonne）。笔者询问在阿速坡省 Langnao Nua 村居住了 30 多年的村民后得知，水渠并不属于个人，但一般个人在置了捕鱼装置后，便获得了该处水渠的既得权。调查后发现，水渠内每隔 50～100 m 范围内设有 5 个诱鱼装置（Tonne）。由于捕捞的是在水田间游动的鱼群，为此在水渠上游设置诱鱼装置的人更有利，但村民之间并没有为此事产生摩擦。另外，孩子们在水渠内用拖网捕捞小鱼这种捕鱼法也不受限制（图 4）。

图 4　田边水渠内的拖网捕鱼（照片摄于老挝南部东孔岛）

如上所述，水田及其周边区域渔捞的权限各不相同。水田渔捞多为开放性途径，而在水田周边地带进行的竹筌捕鱼、"陆姆"捕鱼、水渠筌鱼这种既得权利的捕鱼法则为限制性途径。决定两者的主要因素（图 5 中 A）有以下几点，即是否为水田的边缘地、设置"陆姆"的实际情况、既得权利等(图5)。

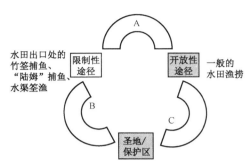

图5　水田渔捞中的权利关系

注：与A相关的为既得权与势力范围原理以及自然与文化的对立关系。

2.2　河流的占有问题

阿速坡省的哈朗雅依(音译)村是位于湄公河支流色贡河右岸的拉维族(音译,校译者注)村落,海拔约为88 m。该村的惯例是：设置了捕鼠式横置竹筌(音近Chan)(图6)的场所仅供设置者使用,具有排他性。

在2005年8月的调查中,村民W氏告诉我们,设置竹筌的地点是有规矩的,

为个人所有。W氏在色贡河两岸占有11处竹筌设置点,加上2处被称作"路昂帕垦"(Luang pakheng)的两岸皆可设置的地点,一共有13处。

图6　捕鼠式横置竹筌(摄于老挝南部阿速坡省拉维族村庄)

竹筌多在5—7月份使用。有趣的是所有设置点的名称都源于鱼的名字(表2)。而且都是洄游性的鱼类。然而这些设置点是否能捕获特定的鱼类就不得而知了。

表2　　　　　　　　　　　　　哈朗雅依村W氏所说的竹筌设置场所

渔场名称	地点		渔场名称	地点	
	右岸	左岸		右岸	左岸
Luang pakheng	1	2	Luang pakhot	1	0
Luang pakadown	1	0	Luang patong	1	0
Luang pakwan	1	0	Luang papak	1	0
Luang pakheh	0	1	Luang pakhune	0	1

渔场名称	地点		渔场名称	地点	
	右岸	左岸		右岸	左岸
Luang pakene	1	0	Luang pawah	0	1
Luang pasakane	0	1			

注：pakheng（丝尾鳠：Hemibagrus wyckioides）、pakadown、pakwan、pakheh（巨鱼丕：Bagarius yarrelli）、pakhot（Hemibagrus sp.）、patong（弓背鱼：Chitala or Notopterus）、papak（橘翅鲫：Hypsibarbus）pakhune（叉尾鲶：Wallago Leeri）、pakene、pasakane、pawan。

2006 年 1 月笔者再次进行调研时，遗憾得知 W 氏已离世，无法开展跟踪调查。但是从同村 S 氏处听闻了捕鼠式竹筌设置点的信息。S 氏和 W 氏一样也有自己的竹筌设置点。S 氏称，自己在 7 个地方共有 13 处竹筌设置点（表 3）。S 氏有 8 个竹筌，可轮流设置在这些地点，而这些竹筌设置点都以生长在附近的树木命名。竹筌捕鱼多在鱼群顺着色贡河逆流而上的雨季（农历 6—11 月）进行，旱季不使用竹筌。期间可捕获 papahk（橘翅鲫）、pakhune（叉尾鲶）和 patongkhao（弓背鱼）等鱼类。村内目前仅有 2 个人会制作竹筌，即便是已过世的 W 氏其儿子也不会做。

表3　　　　　　　　　　哈朗雅依村 S 氏所称的竹筌设置点

渔场名称	地点		渔场名称	地点	
	右岸	左岸		右岸	左岸
Luang kokkai	0	2	Luang kokadoine	0	3
Luang kokdua	2	0	Luang kokkume	2	0
Luang kok nyang	0	1	Luang huahin	2	0
Luang kok mangnaunam	0	1			

这一事例中，竹筌设置点为个人所有。沉放竹筌的地点不做记号全凭记忆。S 氏称即便如此每天清晨还是要去巡视各个竹筌。这是因为去晚了鱼可能会被人偷走。笔者目前还未发现与这种竹筌设置点的排他性使用权相类似的事例。一般其他类型竹筌的设置点并没有特别的限制。

河流内的渔捞通常都可以自由进行。如果以此为准，那么拉维族人村庄中这种竹笙设置点相关的事例也许可以说是例外。不过也不是说完全没有类似的事例。下文介绍两例类似事例。

流经老挝南部占巴塞省的 Sahua 河是一条注入湄公河主流的小河。当雨季来临时，人们会将名为"khah"的装有柴枝的大型笊篱状竹制定点渔具投入河中（图7）。笊篱内部事先装入柴束用于集聚鱼儿。放置一段时间后，将渔具拉上船，获取躲藏其中的鱼类。另外，还有只把成捆的柴枝沉入水中以集聚鱼群的"sum"渔法。村里的人都可以在河岸任意地点设置 khah 和 sum。但是，如果在河中央设置柴堆的话，就由全村共同利用。笔者推测其原因是，设在河中央的柴堆最有可能捕获大量的鱼，如果可以随意设置的话，村民们就会相互争夺，为避免产

生这种矛盾便定了这样的规矩。当捆柴沉水的设置地点为小河流的情况下，河岸与河中央的细微区别就体现在捕鱼的形式上。这一惯例是该村独有的规矩，并不具有普遍性。实际上笔者询问湄公河主流流域 khah 设置点的情况时，就得到了"设在自家门前河岸边"的回答。这种情况可以说是居住地与渔具设置点相邻的例子。

老挝南部的湄公河支流色贡河及其支流的刺网捕鱼法也有同样的例子。在靠近色东河交汇点的上流处设有几十处刺网。这种捕鱼法是为了捕获雨季自下游逆流而上的洄游鱼，因此渔网位置越靠近下游越有利。据说渔网的位置顺序与设置者河畔的房屋及水田的位置有关。这可以看作是水田耕种与淡水渔捞在空

图 7　捆柴沉水的渔具 khah（照片左侧）（照片摄于老挝南部占巴塞省），Safua 河河岸 khan 设置点，而设在河中央的捆柴沉水装置为公用

间上成套纳入了人们的生活中。综上所述,河流中水产资源的利用按惯例属于开放性途径,不过其中也有像竹筌设置点、河中央的捆柴沉水捕鱼法、刺网捕鱼法等这样的设置场所受到限制的情况。而造成两者不同的主要因素(图8中A)与既得权(或称势力范围)(秋道智弥,2004a)、共有渔场、渔场与水田和住宅地的距离等相关(图8)。

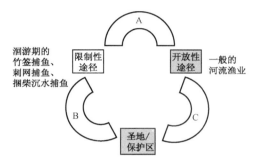

图8　河流水产资源利用中的传统性权利关系

注:A 的主要因素有共有地、势力范围制、既得权等。

2.3　水塘渔业的共有、私有问题

老挝国内广泛分布着众多水塘(nong)。大型水塘被称为"bung",不过并没有关于水塘大小划分的明确规定。这些水塘乃至湖沼旱季和雨季的水位变化极大,多是河流改道后,一部分旧河道积水形成的。尤其是湄公河的各支流流经的低洼地带分布着大大小小的水塘。而关于水塘的使用权,笔者已进行过相关报

告(表4)(秋道智弥,2007b)。

表4　NongBung 村的水塘利用形式

(据 2006 年 1 月调查)

	私有使用 (souan tua)	村庄共同利用 (souan loame)	合计
Nong(小水塘)	20	6	26
Bung(大水塘)	8	11	19
合计	28	17	45

调查所得的重要结论是:过去 Fan Nong Fan Pan 村的村民们旱季时在共有的水塘内进行全村的节庆祭祀性集体捕鱼活动,然而近来共有水塘出现私有化倾向,甚至还有买下共有水塘的养殖权,在塘中放养鱼苗进行养殖渔业的事例。另外,还有将私有水塘的渔业权转租给他人,转而获取塘中捕获鱼类的贩卖中转权的倾向。

私有水塘只有其所有者才能开展渔业因此属于限制性途径。而共有水塘,一般一年举行一次节庆祭祀性的集体捕鱼活动。此时任何人都可以参加,所以也可以说是开放性途径。问题在于,共有水塘私有化后,权利转予特定个人这一变化相关的主要因素(图9中A)。

正如笔者曾指出的那样,虽然共有水塘私有化的历程多种多样,不过为了建设村落电气设备及道路、改建小学校、建设村落、接待官员、资金援助贫困户等这些

促进公共事业发展的活动,而将共有财产的共有水塘转让给个人的情况居多。此外还有个人将共有水塘私有化开始养殖渔业的情况。可以说出现以上事例中的变化,主要因为对公共事业发展的促进和社会性的统合。还有用水田围住无主水塘而进行私有化的事例。这种情况下,圈塘所得的既得权利便是主要因素(图9)。

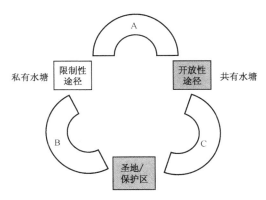

图9　水塘水产资源利用的权利关系
注:A的主要因素有公共事业经费的筹措、水塘四周开垦水田所获的既得权利等(从右至左)

如上所述,水田、河流、水塘内的小规模渔业中多样的使用权和惯例并存。水田以私有为基础,水稻也是人们种植所得的产物。但是沿水田逆流而上的鱼群是自然的产物,并不为谁所有。水塘也并非人为挖掘而是自然所成,渔业作为地域共有得以自由地开展。然而,近来出现了共有水塘的私有化倾向。河流本非私人所有,而是国家的财产。本来是无论哪里都

可以设置小型竹筌的,不过也有个人占有特定场所的事例。这可以说是以鱼类民俗知识和占有惯例为背景的地域独有的渔捞文化的表象。由此可见,亚洲季风气候区域的水田、河流、水塘中的水产资源利用具有特点,以村落为基础的利用和管理惯例在实际中得以践行。

上文谈及的水田、水塘、河流水产资源的使用权在开放性途径和限制性途径之间互相转换(图5、图8和图9)。那么,20世纪90年代起湄公河水系出现的这些情况的意义何在呢。对此笔者已发表过部分报告(秋道智弥,2006b),下文将结合以往研究的概要并加以新资料进一步论证。

3　湄公河水系的圣地＝鱼类保护区

3.1　管理项目及其功过

1993—1999年间,老挝南部的占巴塞省开展了海外援助机构,于20世纪90年代起介入地推进水产资源管理及适度开发的项目。该项目为欧盟(EU)主导的"老挝的共同体渔业及海豚保护"项目(Baird et al, 1999)[*]。其目的是在各个

---

[*] 此项目在湄公河主流流域的54个村落内建成了59处保护区,最终在63个村落中设立了68处保护区。保护区中最小的面积为0.25 ha,最大的面积为18 ha,平均面积为3.52 ha。

村落设立鱼类保护区以实现资源管理和合理利用。保护区在老挝语中被称为"vang sanguwane"，vang 表示"河流之渊"，sanguwane 意为"保护区"。"渊"一般是指英语中称作"deep pool"的河流深处，旱季来临时则成为鱼群的庇护所和产卵区。老挝的河流均由国家管理，村落不可私自占有，然而村内河流按照惯例历来归所在村落使用。1997—1999 年的 3 年间又执行了同一宗旨的"环境保护和共同体发展"计划（Daconto，2001）。截止到1997 年，加上新增的 13 个村庄，共设立了72 个鱼类保护区。

当时虽然是政府提案的鱼类保护区体制，村落却有权决定是否实施。此时，鱼类保护区内禁止一切形式的渔捞活动，还制定了针对违反者的处罚条例。保护区以外的渔业活动，也由各村制定相应的禁则。特别是外村村民原则上可以在村内保护区以外开展渔业，不过需要向村里提出申请，并有义务报告停留过的地点。

对于鱼群来说，鱼类保护区成了它们的圣地。因为鱼类保护区内禁止一切形式的渔捞活动（参照图 1）。然而圣地很快便会发生移动。

以保护区方式进行的资源保护是否具有实效性呢？该项目的实际推进方加拿大非政府组织的伊恩伯德称，禁渔区的设置促进了 51 种鱼类数量的有效增长（Baird & Flatherty，1999）。但是并未发现多数远距离洄游鱼类的增长。此外，像湄公鱼、鲤科鱼类（Labiobarbus leptocheilus）等那样，洄游性鱼类的数量也有所增加。

另一方面，村民们又是如何评价这些保护区的呢？老挝村庄方的领导之一 S氏断言道，该项计划进展并不顺利，具体如下。

"保护区为鱼群提供了庇护所，同时也对不加节制捕鱼的村民也起到了一定的启发和教育意义。但是鱼群是游动的，无法确定它们是否待在保护区内。这正是问题所在"。

村民中也出现了不遵守条例进行捕鱼的行为。这种对立远不止于村落内部。围绕违法捕鱼的处分和惩罚轻重的问题，实施保护区制度的各村落间也出现了不和谐的声音。

在此背景下，4 个有实施鱼类保护区经验的先进村在 S 氏的指导下进行了思路转换，从"为保护而设的河流之渊"转向了由村落判断能否利用鱼类资源的"村落之渊"（Vang xumxone）。Xumxone 在老挝语中意为"村落共同体"，"村落之渊"理念的提出与其说是为了保护鱼类，倒不如说是为了村落利益而利用河流深水区。

具体而言便是，为促进村落经济发展和服务公共事业而临时开放保护区进行捕鱼,采用了用捕获的鱼或是出售鱼所得的收益充当村公共事业经费的方式和导入招投标制并赋予中标者在规定的3～5天内捕鱼权限的方式。以后者为例,将中标金额定为每天100万～200万基普,并根据捕鱼量的多少灵活地上下调整中标金额。投标时村民以外的人员也可参加。还规定了所得收益用于村内寺院和学校的维修与建设等公共目的。

以上为圣地设立后的概要,下文将以占巴塞省、阿速坡省、色贡省内的12个村落为例,根据民族志记载的详细内容等,就鱼类保护区如何为村落所接受并得以利用又发生了怎样的变化进行探讨。

1. 占巴塞省

1) Hat Saikhun 村

2006年1月8日笔者于湄公河左岸的 Hat Saikhun 村调查保护区的实际情况。全村共1 227人,219户人家,均以农业为主业,以渔业及饲养水牛、鸡、鸭、猪等为副业。村前坐落着无人岛 Dong Samulang,其对面是东孔岛。

询问当地保护区设置的经过时得知,1996年村里召开了欧盟组织的鱼类保护区现场说明会。当时伯德氏来到村里,告诉村民们以前可以大量捕获的鱼类现在变得越来越少是源于不加节制的乱捕行为。所以他提议建立鱼类保护区,实施将鱼群数量恢复到以往水平的政策。经村

民协商后,鱼类保护区被设在了 Samulang 岛靠近河流上下游的两端与湄公河左岸相接的区域内。保护区名为"Vang Dong Samulang",全长400～600 m。保护区内全年禁止一切渔捞活动。雨季水量较大本身就难以捕鱼,到了适合捕鱼的旱季,村里便提醒村民注意,不要在禁渔区内偷渔。

村民表示,自设立保护区以来,渐渐能看到 pa khune(叉尾鲶)、pa saguan、pa khuang 等鱼类在水面游动,可以明确看出鱼的数量有所增长。人们把保护区看作鱼群休养的场所。虽然该保护区上游地区出现过村民用刺网偷偷捕鱼的情况,但当时只是给予了警告并未处以罚金。1999年,伯德氏赠送给该村150块白铁皮,作为感谢村民们实施保护区政策的礼物。当时一块白铁皮的单价为3万8千基普。

此外,保护区以外的水域可自由开展渔捞。当地人将其称为"hah sai koda",意为"可以钓鱼"。邻村居民也可以来此自由捕鱼。捕鱼法包括投网、刺网、四角袋网、垂钓(甩线钓鱼和鱼竿钓鱼)、捆柴沉水、葫芦拖饵钓鱼,捕鼠式竹筌等,对渔场不设使用限制。另外,刺网又分为许多种,其网眼从1～20 cm不等,根据季节和鱼的种类区分使用。

欧盟所提议的保护区提倡全面禁渔,

然而村民们却提倡服务于村的保护区制度并逐步付诸实践。开始新制度的动机主要有以下几点：①旨在传承鱼类保护的相关思想和鱼类保护区；②以往的鱼类保护区并没有警察进行监控，如今人们认为安排警察和村民共同监控，发现偷偷捕鱼者时，进行劝诫并汇报给村长的方式更好。也就是说，目的在于通过强化控制偷渔行为来征收罚金（平均每件处以2万基普）并将罚金用作教育资金，同时也可以期待减少了的偷渔量转变为村民们捕鱼的增加量。

关于是否临时开放渔场的决议，则由被称为 Kanat Baan 的村委会决定。村委会由1名村长、2名副村长、1名警官、1名军人和女性、青年、长老代表各1名，共8人组成。此外若干名下级村组织的代表也参加会议。

2004年未能召开会议，2005年召开了1次。同时会议还邀请邻村居民参加，以谋求其对保护区的理解。顺便提一下，这个村的周边水域没有深水区，因此也没有设保护区。可见作为设立保护区的前提，深水区的存在是何等的重要。

2）Veunkhao 村

该村位于湄公河左岸，正前方为东孔岛。村内共有547人，96户人家，过着半农半渔的生活。该村曾于第二次印度支那战争期间频繁使用炸药捕鱼。待战争结束后一直到1977年左右才停止这种使用炸药捕鱼的违法行为。1996年伯德氏造访该村，推进了保护区的设立。村内协商的结果是建立保护区。据说全村会议上无人反对。保护区被称为"Vang Khan Fuane"，沿湄公河而设，长宽均约100 m，上流边界附近水深50 m，下流区域水深20 m。自1996—2006年保护区内未曾进行过捕鱼。以往使用炸药捕鱼时，能捕捉到大型鱼类。即使是垂钓也能钓到10～15 kg的大鱼。村民们相信如今保护区内一定有这样的大型鱼类。

人们认为生存在保护区深水域的鱼类主要有以下几种，即 pa khune（叉尾鲶）、pa sanguwane、pa keh（巨鱼丕）、pa pwun、pa pot、pa nang 等。虽然之前保护区内未发生过偷渔和外村人前来捕鱼的现象，但自保护区内禁止捕鱼的警示牌消失以后，出现了外村人来偷偷捕鱼的现象。不过当时村里只是给予了警告，并未处以罚款。

2002年，村里尝试了开放保护区为村公共事业服务。这是因为那一年占巴塞省的官员来村里视察，所以村里安排了8个人在保护区内进行了一个上午的投网打鱼，结果打到了重0.5～3 kg不等的鱼用于招待官员了。决定是否开放保护区的委员会由8名成员组成，其中代表和副代表中有两人是无偿任职的。村里每年召开一次全体会议,讨论保护区相关问题。会议一般于 12 月召开。

该村的水田远离河边,而且渔法种类也很有限。主要为投网打鱼,其余还有垂钓(甩线钓鱼和鱼竿钓鱼)、刺网捕鱼、秤砣状竹筌捕鱼、横置式竹筌捕鱼、捕鼠式竹筌捕鱼、葫芦托饵钓鱼、竹篱捕鱼等。捕获的鱼一般作为日常食材,此外也有自行去邻村 Kinakhu 村集市上贩卖的。

3) Done Houat 村

该村坐落于位于湄公河左岸和东孔岛正中间的 Houat 岛东侧,也就是说靠近湄公河的左岸,是一个拥有 300 多年历史的古老村落。笔者与村长、2 名副村长、警察署署长、2 名渔民和长老会长等人进行了面谈。村内共有 555 人,97 户人家,属于半农半渔型村庄。村内主要采用刺网、投网、捕鼠式竹筌、垂钓(甩线钓鱼和鱼竿钓鱼)、秤砣状横置竹筌、三角形抄网、叉杆、捆柴沉水、葫芦托饵等捕鱼方法,不使用在水田周边水渠内设竹篱或是投毒打鱼的方法。其中关于水田内禁止捕鱼的规定,笔者认为是十分重要的资源管理对策。

决定保护区的委员会被称为"Kanen Khankhon",由 9 人构成。没有设立直接负责保护区相关问题的职位。1996 年,伯德氏来访,村民听取了他关于 Khone 郡内鱼类资源状况的报告并在其推荐下设立了保护区。随后伯德氏向村里捐赠了建造学校所需的铁皮、水泥和铁芯等。村落就此召开会议,向农业事务所提交申请,决定接受伯德氏的支援。在决定设立保护区的村会议上还曾要求邻村的村长出席。其目的是请邻村确认保护区的设立点并防止邻村村民违规捕鱼。与会者对设立保护区一事并无异议。保护区被称为"Vang Non Hai",位于该村的正面。范围为湄公河沿岸长约 100 m、宽约 180 m 的区域。在设立保护区之前,该区域内实行的是自由捕鱼。

1996 年以前,村内的捕鱼量持续减少。过去村民的父辈们都用自制的刺网打鱼,用投网、捕鼠式竹筌捕鱼的人不多。然而,引入村外使用的尼龙制刺网、电击捕鱼法后,捕鱼量便开始减少。

截止到 1996 年减少乃至消失的鱼类有 pa khune, pa sanguea, pa eun, pa nyong, pa nai 等。自设立保护区的 1996 年至今,增加的鱼类有 pa khune, pa suwai, papia, pakhuane, papahk, pa kot, pa wah, pa nyong, pa soi, pa eun, pa sanguea, pa nai 等。过去具有较高经济价值的 pa nyong 尤其少见,据悉设立保护区后其数量出现了增长。

设立保护区后未出现村民偷渔现象,却发生了外村人夜间使用刺网托饵进行捕鱼的事情。村里对这 2 名偷渔的邻村村民处以了总额 5 万基普的罚款,并没收了船只,不过归还了刺网,还将其偷渔行为记录备档转交给了邻村。另外还有外村人在漂网捕鱼时进入了保护区,但因其很快掉头也再未进入保护区,因此没有对其处以罚款。

2003 年以来,人们开始反对一直以来只考虑保护鱼类的保护区,为此村落改换了名为"Vang Sumuson"的以村民为本的保护区思路。以下列举该村开放保护区的事例予以说明。

2003 年为了筹措小学的建设资金,村里委托 Ban Samkah 村村民在保护区内的两处,使用刺网进行了为期一天的打鱼。当时捕获的鱼主要为 pa nyong,以每公斤 6 千基普的单价出售,获利 120 万基普。

2004 年仍是为了建设小学,这一次是村民自己在保护区内两处用刺网捕捞了一天的 pa nyong,共贩得 110 万基普。每公斤单价同样是 6 千基普。

2005 年农历五月为给无钱办葬礼的村民筹措费用,村长斟酌后,让 4 名村民用刺网在保护区内的 2 处进行了 1 天的捕捞,收获了 50 kg 的 pa nyong。那时使用的刺网网眼大小为 5 cm。

panyong 是侧带巨鲶属的鲶鱼(Pangasius pleurotaenia),市场单价为每公斤 1~1.2 万基普。当时学校教室还有两扇窗门没有安装,2006 年开放了一次保护区

后筹到了采购经费。

2. 阿速坡省

湄公河的支流发源于老挝沙拉湾省,贯穿色贡省和阿速坡省流入柬埔寨境内(表 1)。最后于柬埔寨境内与湄公河主流汇合。

阿速坡省和色贡省也于 1990 年起在部分地区进行了类似于占巴塞省鱼类保护区的尝试。据阿速坡省政府畜产水产局和信息文化部的官员介绍,保护区制度的执行并不成功。原因主要在于,保护区的惩罚规则过于严厉以致招来了村民们的反感,而且运营保护区事业的资金不足,对村民的教育活动也不够充分。

阿速坡省 2004 年起以若干村落为对象,着手开展了"河流之渊保护区"(vang sanguwane)相关的新项目。该项目由地方政府和名为"OXFAM"的非政府组织团体及地方村落共同实施。其内容为:由政府给出指导方针,再由各村自行决定具体措施。阿速坡省的 12 个村落试行了保护区的制度。作为该项目的一个环节,政府于 2003 年派遣阿速坡省 5 个村的 30 名代表,至保护区制度先进地区的占巴塞省各村进行了培训。此外,2005 年 7 月 13 日被定为"全国放生日",各地尝试性地开展了放流数万尾鱼苗的活动。

这个项目在 2004 年开始后不久便出现了若干问题。各村落为对各自领域内的资源进行管理,在各自的村会议上制定

了禁渔区的范围和出现违规行为时适用的罚金金额及处罚条例。这其中发生了什么？下文将列举几个村的调查结果予以说明。

1）Xaixi 村

位于 khamang 河与 Xexai 河交汇处至 khamang 河上流流域的 Xaixi 村是老龙族的村落。在这里设立的保护区长约 500 m，宽约 150 m。2005 年 7 月 13 日从巴色（占巴塞省的中心地带）购入 33 000 尾 pa pak 鱼苗，投放至保护区。购买鱼苗的费用由阿速坡省农林局（10 000 尾）、IUCN（世界自然保护联盟）（13 000 尾）、Xaixi 郡农业振兴局（5 000 尾）、Xaixi 村（5 000 尾）共同承担。保护区设立以来，已经发现了一次偷渔行为。然而，对违规者的处罚仍搁置于村会议上。此保护项目是由外部引进的措施，村落内并无传统的保护惯例。

2）Kasome 村

位于色贡河右岸的 Kasome 村是老龙族居住的村落。2000 年村内召开集会设定了保护区。保护区长约 1 km，宽约 100 m，含有洞穴。该保护区被称作"Van Tam Keh"。"Keh"在老挝语中意为"鳄鱼"。村民们认为设立保护区后鱼群增加了。而在 2000 年之前村里未对这片水域实施过保护措施。村会议决定对违规者处以 15 000 基普的罚金，作为对在保护区内偷渔的处罚。事实上，确实发现外村人用投网和刺网在此偷渔，也处以了罚款。保护区设立在色贡河河边的村落边界至上游流域之间，据说发生过周围村落的老挝人夜间驾船偷渔的事情。色贡河边的树木上钉有标着"保护区内禁止打鱼"的牌子。也禁止砍伐河岸的树木。与 Kasome 村隔岸相望的是 Xaiseta 地区，坐落着老龙族居住的 Kengxai 村，这个村没有设立保护区。但是 Kasome 村设立保护区一事广为 Kengxai 村村民所知。

Kasome 村原来位于河边，但 2002 年起迁向了内陆的道路旁。为此无法再对保护区进行监控，如何控制保护区内的偷渔现象将是今后的一大课题。

3）Sowk 村

位于色贡河右岸的 Sowk 村居住着孟高棉语系的奥义族人。该村于 2002 年开始设立保护区。保护区起于色贡河与其分支 Pouku 河的交汇点，一直延伸至上游区域直到沙洲的上游端（长度不明）。保护区名为"vang hinhet"（动物岩石之渊）。过去村民发现违规者会使用枪支进行威慑。下游区域的老龙族人也有偷渔行为，但村民从未对此进行抗议或是报警。据说是因为害怕对方报复。

4）Halang Yai 村

位于色贡河右岸的 Halang Yai 村是孟高棉系拉维族人的村落。这里的保护区被称为"Vang Ween The"。"The"为树木的名字。色贡河中央水域至右岸长约75 m的范围被设为了保护区,水深约12 m。保护区没有制定违法作业的处罚规则,也未进行管理。村里对使用刺网、投网、炸药、枪支、手电筒等进行的违规捕鱼作业皆未处以罚款,但都上报给了军方。Halang Yai村的上游区域是Sakheh村和Halang Noi村,下游区域则是Kasome村。其中有一处由Sakheh村和Halang Noi村共同管理的保护区,名为"Vang Ween Wah"。

值得注意的是,该村不同于那些在相关国际机构和政府等指导下建立的保护区,而是早在过去就有了保护区。据说第二次印度支那战争结束进入1980年后,就职于阿速坡省警察署的Kamban Ponsai氏来村里调查色贡河的深水区,其后他指示村民们设立保护区。具体的经过尚不明确,只知道Kamban氏是拉维族人,居住在阿速坡省。笔者对Kamban氏与同为拉维人的Halang Yai村村民之间的关系颇感兴趣,今后计划就此课题展开研究。至少在20世纪90年代后由外国引入保护区观念之前,老挝人早在80年代就已经开始着手设立保护区了,这非常值得瞩目。

5) Munmai村

Munmai村位于色贡河与Xekamamu河交汇处,村民主要为老龙族人。保护区于1992年设立,范围自阿速坡市内色贡河跨河大桥的桥底至色贡河上游地区河流交汇点附近的paokhu pigu岛的岛边,长300 m,宽100 m。旱季水深6 m,雨季则涨至10 m。该区域之所以被设为保护区,是因为鱼群在洄游期都聚集于此,不再往上游移动。保护区被称为"vang pak-hone lung"。与别村不同的是,鱼群洄游期时禁止捕鱼,非洄游期允许捕鱼,但仅限自家食用。不允许作为商品交易。洄游期时村里和警察共同管理,防止偷渔和违法作业。

3. 色贡省

位于阿速坡省上流的色贡省于2004年起实施保护区政策。色贡省共在11个村落设立了15处保护区。色贡省同阿速坡省一样,也于7月13日向保护区投放了鱼苗。这些鱼苗来自沙拉湾省和色贡省。各村保护区的规模和处罚偷渔的条例各不相同。下文将列举色贡河流域的若干事例。

1) Nava Nua村

该村的保护区面积有8 ha,位于Phay河河口(北侧)至Nang Ngoy河河口(南侧)之间,相当于色贡河东西两岸之间的区域。禁止条例有,禁止在保护区内捕捞鱼类和水产动物,禁止砍伐距色贡河河岸20 m范围内的树木。违反禁令时的处罚是:首次违反时对当事人进行教育并处以没收渔具和罚款 50 万基普的惩罚;第二次违反时,没收渔具并进行再教育,同时处以 80 万基普的罚款;第三次违反时,同样没收渔具进行再教育,收取 150 万基普的罚款,并转交给警方让其接受法律制裁(图 10)。

图 10 标有鱼类保护区的设立及罚款细则的警示牌(照片摄于老挝南部色贡省、色贡河流域 Nava Nua 村)

2)Xenamnoi 村

Xenamnoi 村位于色贡河分支 Xenamnoi 河上所架桥梁的右岸,20 世纪 90 年代起 Xenamnoi 河桥梁正下方至下流区域被设为了保护区。保护区长 500 m,宽 180 m(面积为 98 000 m²)。桥梁旁竖有标明保护区范围及规则的牌子。具体

内容为:①保护区内禁止捕鱼;②不得制造噪音等妨碍保护区运营;③禁止向保护区内丢弃垃圾;④违规捕鱼者,初犯处以每人 5 万基普的罚款并没收渔具;⑤再犯者处以每人 20 万基普的罚款并没收渔具;⑥第 3 次违反者处以每人 50 万基普的罚款并没收渔具,移交郡内警察局。

3)Lavy 村

拉维人居住的 Lavy 村位于色贡河左岸。自 2005 年 2 月起设立的保护区名为"Vang ween Teh Lavi Fandeng",长 300 m,宽 200 m(面积为 6 ha)。保护区内竖有标明相关条例的牌子,河堤的树干上也钉有保护区的标志牌。上面写着:①保护区内禁止使用渔具;②禁止砍伐河岸树木;③违规作业者,初犯处以每人 10 万基普的罚款并没收渔具;④再犯者处以 50 万基普罚款;⑤第 3 次违规者则处以 100 万基普的罚款并没收渔具。

在笔者进行调查的 2005 年 8 月就发生了 5 起偷渔事件。其中有 2 起未能成功抓获违规者,其余 3 起均逮捕了违规者,审问偷渔详情后处以了罚款。

最初一起是 3 名偷渔者使用刺网和水下鱼枪在保护区内捕鱼。村里对这 3 人处以了每人 10 万基普的罚款。第二起案例中 5 人使用了刺网和毒药。他们将

烈性毒药混入糯米投入水中,等鱼吃了诱饵受到麻痹浮上水面后进行捕捞。村里对这5人处以了每人20万基普的罚款。第三起案例是两家10口人乘船去村镇集市贩卖柴禾后,从下游返回的路上两个大人使用刺网偷渔时被发现的。船上包括儿童共有10人,不过只对实际捕鱼的两名成人处以了每人20万基普的罚款。这当中,前两例违规者都是老龙族人,第三例则是官员。

即便保护区内竖有标牌,明示偷渔的罚金金额,实际上依旧有抓获违规者处以罚款的事例。另一方面值得注意的是还存在放过违规者的情况。特别是,对比老挝主要民族的老龙族人,可以看出孟高绵系少数民族受到歧视。

4) Pak Thone 村

该村位于色贡河左岸,是少数民族混居的村落,人口约为800人,有110户人家。从民族构成来看,Taliane 族人最多,老龙族、Soge 族、阿拉克族、Ien 族等也共居此地。2004 年为实施保护区项目,老挝人聚集至此。经过村会议商议后决定成立保护区,并命名为"vang thamakane"。人们认为水牛般的大型动物栖息于深水区内。保护区长 300 m,距离对岸约 200 m。保护区的下游区域与邻村 Moh 村交界。

保护区内的规则如下:①保护区内禁止捕鱼;②旱季也不允许在保护区内的河岸种植蔬菜等作物;③禁止砍伐保护区内的树木;④对使用刺网和投网等进行违法作业的,初犯处以 10 万基普、再犯处以 20 万基普、第 3 次违规处以 50 万吉普的罚款,罚金为每人违规一次的金额。

2004 年农历六月,2 名老龙族人和 1 名 Taliane 族人共计 3 人用刺网捕获了大量的鱼,对此村内就如何处罚进行了讨论。2 名老龙族人都是本村人,村里对其处以了 10 万基普的罚款。村长没收了偷渔所用渔具和捕获的鱼,但因违规者支付了罚款,故又归还了渔网。2005 年 7—8 月间,一个村民用绳钩捕了一天鱼,被发现后没收了他的渔具。但是偷渔所获的鱼的数量、罚款的金额和民族等信息不明。

2005 年 9 月村子前方的河里开始了采矿金的工程。之后有人报告,采矿金有噪声且四周拉起的网绳妨碍了船只航行,鱼群数量变少。2005 年之前可以捕获很多鱼,足够村民食用,开始采矿金后鱼变得少了。

综上所述,可知阿速坡、色贡两省于 2004 年开始了与占巴塞省同样的尝试。虽然刚开始不久,保护区内各地就出现了偷渔行为,遂对违规者处以了罚款。对于不知道保护区存在的违规者不予追究,也有因害怕违规者报复而不予逮捕的情况。

认为保护区仅仅是依据村落惯例设定的这种想法有误。保护区制度原本始于政府和国际援助机构的指导,然后由村落会议决定保护区的地点和规则,所以可以将其视为共同管理,抑或是合作性的尝试。河流本属老挝国有,然而也存在流域内的居民认为自己可以自由使用的这一点。以此为前提设立的鱼类保护区则被认为是村落的共有区域。正因为是共有区域,一般来说理当遵守相关规则,对违反者处以惩罚的条例也得到村民们的理解。

占巴塞省内各村的处罚条例十分宽松,与此相比阿速坡省的处罚条例则相当严厉。这一定是因为当初人们设想的偷渔者更多来自外村而不是本村。实际上,内部人员确实不会偷渔吗?万一发生这种违法作业,也有放任不管的情况吧。而且,处罚主要少数民族老龙族人偷渔的办法,还与对待孟高棉语族人的存在差异。一边是理直气壮地征收罚款,另一边则是畏于报复不敢上报且忍气吞声。值得注意的是,民族间阶级化和差别化的实情反映在了资源管理和违规作业的问题上。

设立圣地后,村落发生了很多变化。从使用权来看的话,"村落保护区"由圣地

转为了限制性途径(图 11)。

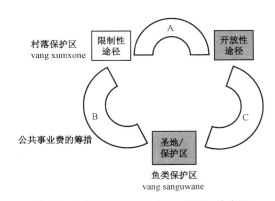

图 11　鱼类保护区产生的资源管理动态图
注:B 的主要原因为筹措村落公共事业经费

从上文列举的各事例可以明确地看出,产生这一变化的相关因素主要是为了筹措村公共事业经费、学校建设资金和官员接待费等,以维持并发展村落社会。

综上可知,湄公河主流流域的部分先进村落正在实行以维持和发展村落生活为重点的新型保护区模式。今后这种模式将走向何处,值得我们关注。以往的资源管理是应外部要求以自上而下的模式开展的,与所在地区和村落实情并不相符。对此,居民独立开展的新型自主式运动十分值得关注,可以说具有展现老挝近年来水产资源管理动向的意义。也就是说,出现了以村落为根基的资源管理,取代了原先由政府和外部主导的自上而下式的共同管理。值得注意的是,这些案例显示出了作为弥补村落管理缺陷而施行

的共同管理(秋道智弥,2004a)所存在的极限。

4 今后的展望

老挝南部河川水产资源的管理政策自20世纪90年代前期至本稿成文的这10多年中,发生了急速的变化并发展至今。自上而下式的政策在部分地区获得了成功,但因这种政策并不是以村民为主体,故又出现了新的尝试且正处于开始阶段。其中,作为以村落为本的资源管理的理想方法,为服务村落公共事业而开放一直关闭的保护区的这种尝试值得我们关注。同时,详细制定罚款规则大概也是与偷渔行为普遍化背后存在的渔具持有者的人数增多及贩鱼换取现金的市场得以整顿有关吧。这或许还意味着国家及地方政府对偷渔行为的限制还未充分渗透到整个社会。这一点与将共有水塘出售给个人,转让水塘渔捞权的倾向相通。

2003年后开始实施的采矿工程对河流环境和水产资源的再生产生了相当大的页面影响,在居民的反对下不久便不得不停工了(图12)。居民成功保护了眼前的河流资源,不必要的开发是徒劳的。

图12 采矿金的现场(左)和成群的挖掘船(右)。保护河流深水区成了回避风险的决定性因素(照片摄于老挝南部阿速坡省色贡河流域)

笔者确信,在近10年来水产资源不断变化的动态中,映射于时间轴上的开放性途径、限制性途径和圣地这3种使用权和各要素之间的关系,与区域生态史的观点相通。以资源使用权问题为支点,不仅适用于研究水产资源问题,还适用于研究森林资源和野生动物资源的利用等广义的人类与自然的关系及变化(图13)。

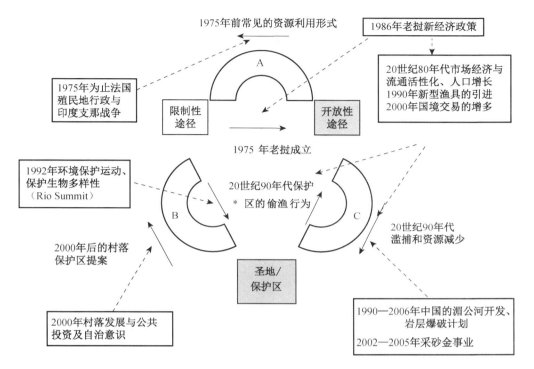

图 13 水产资源使用权相关的生态史（1975—2005 年）

注：(1) - - - - ▶促进、因果关系，——▶使用权的转化。

　　(2) ＊1993—1997年湄公河主流的鱼类保护区。2000 年后阿速坡省、
　　　　色贡省的鱼类保护区。

参考文献

秋道智彌.2004a.コモンズの人類学——文化・
　歴史・生態[M].人文書院.

秋道智彌.2004a.北タイ・メコン河支流イン
　川・コック河における淡水資源利用とモン
　スーン・モデルの提唱[R]//総合地球環境学
　研究所.総合地球環境学研究所研究プロジェ
　クト4－2 2003 年度報告書 アジア・熱帯
　モンスーン地域における地域生態史の統合

的研究——1945～2005:13-24.

秋道智彌.2006a.ラオス南部における水産資源
　管理[R]//総合地球環境学研究所.総合地球
　環境学研究所研究プロジェクト4－2 2005
　年度報告書 アジア・熱帯モンスーン地域
　における地域生態史の統合的研究—1945～
　2005:348-361.

秋道智彌.2006b.村落基盤の資源管理——村の
　自立にむけて[M]//新崎盛暉,比嘉政夫,家
　中茂編.地域の自立・島の力 下.コモンズ:

225-246.

秋道智彌.2007a.図録　メコンの世界——歴史と生態[M].弘文堂.

秋道智彌.2007b.アジア・モンスーン地域の池とその利用権——共有資源の利権化と商品化の意味を探る[M]//秋道智彌編.資源とコモンズ.資源人類学第8巻.弘文堂:245-278.

秋道智彌.2008a.メコンオオナマズの資源管理とメコン開発[M]//秋道智彌,黒倉寿編.人と魚の自然誌　母なるメコン河に生きる.世界思想社:237-249.

秋道智彌.2008b.アジア・モンスーン地域におけるエコトーン研究の展望——ベトナム北部クワァンニン省の事例を中心として[M]//鯰と人の博物誌.八坂書房:225-238.

秋道智彌,池口明子,後藤明,等.2008.メコン河流域の漁撈と季節変動[M]//河野泰之編.論集モンスーン・アジアの生態史　第1巻　生業の生態史.弘文堂:163-181.

大西秀之.2008.イン川の漁場管理のロジック——天の恵みと人の恵み[M]//秋道智彌,黒倉寿編.人と魚の自然誌　母なるメコン河に生きる.世界思想社:220-236.

BAIRD, IAN G, et al. 1999. The Fishes of Southern Lao[R]. Lao Community and Dolphin Protection Project, Ministry of Agriculture and Rorestry.

BAIRD, IAN G, MARK S FLAHERTY. 1999. Fish conservation zones and Indigenous ecological knowledge in southern laos: a first step in monitoring and assessing effectiveness, environmental protection and community development in siphandone wetland, champassak province, Lao PDR. [R]. Lao /BI-B7/6200-1B/96-012. Vientiane:CESVI Cooperation and Development.

DACONTO, GIUSEPPE. 2001. Siphandone Wetlands[R]. Environmental Protection and Community Development in Siphandone Wetlands Project.

UNEP (2001) LaoPDR. : State of the Environment 2001[R].

麦子风土的形成[*]

佐藤洋一郎

1 引言

本系列丛书[**]第三卷的主题是"麦子风土"。据说以小麦为主的麦科作物约在一万年前诞生于西亚"新月沃土"的一角。此后,"牧场风土"开始从西亚走向欧洲和世界各地,奠定了现代文明的物质基础。

哲学家和辻哲郎将欧亚大陆分为"季风""沙漠""牧场"这3种不同的风土(和辻,1979)。但是,和辻几乎没有论及这3种风土的历史。这3种风土究竟从何时起变成了如今这样呢?

梅棹忠夫,继和辻之后的又一位风土论研究者,也未对以上3种风土的历史进行详细论述(梅棹忠夫,1998)。如本系列丛书第一卷序章中所述,"沙漠风土"并非数千年前就是沙漠。此外,正如各处介绍的那样,中国新疆维吾尔自治区小河墓遗址(公元前1 000年左右)出土了许多小麦种子和牛的头骨等可以证明过去农业和畜牧业存在的古物。而且,其他间接证据

也表明,以塔卡拉玛干为中心的"沙漠风土"曾比现在湿润得多。但是,它的规模是像绿洲中的农业那样极其局限,还是相当宽广,至今尚不明确,如果是后者的话,那么以"沙漠风土"称呼那个时代的塔卡拉玛干恐怕就不合适了。"沙漠风土"是随时间共同变化的。现在成了沙漠的区域,数千年前可能是广袤的绿洲。也就是说,"沙漠风土"在近数千年间急速扩大。

像是为了支持这一假说似的,现已明确的是"沙漠风土"的沙漠化扩张恐怕已经遍及世界各地。乌兹别克斯坦南部达尔维津·特佩的中世纪(公元数百年左右)遗迹中,与木材一起出土了大量的水稻、小麦等农作物种子,这证明了现被沙漠覆盖的这片土地曾是森林或水稻种植地。那个时期正是唐玄奘毅然踏上印度之旅之时,在他的旅行日志中可以找到许多关于当时中亚一带远比现在湿润的描述。举一例来说,塔卡拉玛干沙漠北部边缘有一个高昌国。玄奘的日记中记载道,途经这片土地时,高昌国国王为将玄奘长久留下,动用了许多计谋,可最终还是放他前往印度。他写道,那时高昌国有4 000

---

* 原载于[日]佐藤洋一郎监修,鞍田崇编《ユーラシア農耕史(3):砂漠・牧場の農耕と風土》臨川書店,2009:5-21.

** 本文中的"本系列丛书"指的是[日]佐藤洋一郎监修《ユーラシア農耕史》臨川書店,2009-2010。(下同)

僧人，即使这个数字有些夸张，但只要存在国家，就必然存在支撑国家的生产。假设高昌国有一万人口，且全部依靠小麦来满足所需能源。若人年均消费 150 kg 小麦，小麦单位面积产量为 1t/ha，那么满足最低粮食消费的耕地面积为 1 500 ha（约 4 km×4 km）（注：山田胜久推断需 8 km ×8 km）。然而如今，历史中的高昌国已变为一片废墟，其周围除了最近才开凿出的用来涵养葡萄地的灌溉水渠外，是一片沙漠。

5 次探访中央欧亚大陆的斯文·赫定甚至在其作品《彷徨的湖》中写道，在塔卡拉玛干沙漠北部边缘东流的塔里木河流域，孟加拉虎曾一直栖息至 19 世纪末。不仅如此，最新的考古成果中还有从上述小河墓遗址出土疑似猞猁毛发的发现等。不论是孟加拉虎还是猞猁，都是栖息于森林中且位于食物链顶端的动物，所以其栖息地的发现暗示着广阔森林的存在。

从 3 000 年前到 100 年前的这 2 900 年间，即使不是连续的，此地也很可能曾经存在过一片面积相当宽广的森林。塔卡拉玛干的荒漠化和森林的后退，在最近一个世纪中依然持续着。据此可推测，现丝绸之路一带的沙漠化程度可能会越来越严重。

如果是这样的话，过去的"沙漠风土"和现在的"牧场风土"是否相同？这 3 000 年间"牧场风土"是怎样的？这两个问题的性质相同。

2　牧场风土

下文先来探讨欧洲的"牧场风土"。如果用农耕来形象地描述欧洲风土的话，那么南欧是"小麦与家畜"风土，北欧则是"土豆与家畜"风土（佐藤洋一郎等，2009）。毋庸置疑，构成农耕核心的是家畜。特别是家畜的乳汁能够提供人体所需的蛋白质。此外，大西洋沿岸也呈现出"土豆与鱼"的风土。畜牧用家畜指的是，牛、马、绵羊、山羊、骆驼等成群的大型哺乳类动物。猪和水牛也是大型哺乳类动物，但是它们没有成群的习性，所以笔者在此不把饲养猪和水牛视为畜牧。

这样归类的话，原则上可以说"季风风土"是没有畜牧的。当然也有例外，横跨印度和东南亚的印度尼西亚就是其一。另外，日本列岛上也有马的畜牧业，特别是列岛北部为中心的一带尤为盛行。

"牧场风土"农耕史的相关研究众多，在此主要介绍彼德·贝鲁伍德的《农耕起源的人类史》（日文标题为《農耕起源の人類史》）。概括而言，欧洲的农耕伴随其畜牧业的发展经历了漫长的传播过程。西亚农耕起源地一带很早就开始发生环境变化，在森林遭到破坏的土地上，沙土流出并堆积于平原。在北欧和大西洋海岸地区,农耕的传播历经了数千年的时间。有趣的是,农耕好像并非为欧洲全境所接受。接受农耕的地区呈分散状态,其中间隔着许多未接受农耕的区域。这些地区直到相当久之后的中世纪,还居住着被称作"游牧民(nomad)"的非农户。与东亚一样,在欧洲从事农耕与狩猎采集的人们也是直到最近才慢慢生活到了一起。

支撑欧洲家畜业的是中世纪的三区轮作制农业和后来的轮作栽培制农业,这也就发展成了现代的混合式农业。在三区轮作制农业中,家畜被放养在收割完农作物后的休耕地上,这对恢复土壤肥力起着重要作用。总之,欧洲的风土可以说是家畜的世界。

"牧场风土"中,被作为淀粉来源的是以小麦、大麦为中心的麦类和土豆、芜菁等块茎类蔬菜和荞麦等。其中有关麦类的内容在《麦的自然史》(日文原题为《麦の自然史》佐藤、加藤编,2009)中已有详细论述,不再赘述。在此仅想指出一点,日语和汉语中用"麦类"来概括各种麦作物,然而欧洲文化并没有这样的总称。这大概是因为它们是经由不同路径和过程传到欧洲并融入其中的吧。另外,关于土豆已有《土豆的来路——文明、饥荒、战争》(原题为《ジャガイモのきた道——文明・飢饉・戦争》山本,2008)和《土豆的

世界史——推动历史的"穷人的面包"》(原题为《ジャガイモの世界史——歴史を動かした'貧者のパン'》伊藤,2008)这样的力作,此处便不再详述。概括而言,土豆于16世纪被引入欧洲后,主要在北欧得以广泛种植。画家米勒在其作品《晚钟》(1855—1857年前后)中描绘了收获土豆的贫穷夫妇虔诚祈祷的画面,由此可见那一时代土豆已成为了法国平民的食物。

俄罗斯、乌克兰、波兰等国的荞麦收获量高于日本(据FAO统计)。立陶宛的国土面积仅为65 200 km²(约为日本国土面积的1/6),而其荞麦产量达到了日本的2/3之多。荞麦起源于中国,至于何时又是如何传到欧洲的这一问题还有待研究。

"牧场"这一名称虽是和辻所创,但是正如本系列丛书第一卷笔者与佐佐木高明的对话中提及的那样,我们认为和辻对欧洲的游历并不足以谈论整个欧洲风土。他于1927年3月从马赛港登陆法国后,仅略微旅行一番便转至德国柏林居住。留学德国期间和辻虽曾多次旅居巴黎并兼带避寒而遍游意大利等,探访了德国以外的欧洲地区。但可以说,他几乎对南欧、北欧、东欧等一无所知。尽管如此,一眼看出欧洲风土即是"牧场风土"或许是和辻的天才之处,或许也与"欧洲是肉食社会"这样的认识早已存在有关吧。

3 沙漠风土的畜牧

　　现在的沙漠风土,按其生产方式来说也可称为"游牧风土"。当然,也存在一些排斥一切物种生存的地域环境,这些地区极度干旱,连可用作家畜饲料的牧草也难以生长。

　　虽然统称为"沙漠",但沙漠中既有流沙性沙漠,也有像"戈壁"一样的砾岩性沙漠。此外,还有些地区并不仅仅因无水导致植物无法生存,还与每年或几年一次的大规模冰雪融化引发的洪水淹没四周有关。植物无法生长是因为土壤中含有大量盐分(佐藤洋一郎、渡边绍裕,2009)。正如该书第二章中窪田顺平详述的那样,沙漠的实际情况比日本人想象的要复杂。

　　所谓"游牧",就是以多人组成的家庭为单位,在管理成群的牛、马、绵羊、山羊等有蹄类动物的同时不断迁徙的生存方式。游牧民在管理家畜群体时,会把刚生出不久的幼崽作为"人质"来控制整个群体。幼崽被当作"人质",也能从母亲那掠取乳汁。很多人以为游牧民获取的是畜肉。然而获取肉制品需要屠宰家畜,游牧民不会大量宰杀家畜。不过衍生出了阉割雄性供作肉食的技术。

　　关于游牧民族的起源,大致存在两种对立的看法。松原正毅认为"(人类)跟着野生有蹄类的动物群奔跑,将那些掉队的个体作为狩猎对象("亚欧游牧民的历史使命",原题为《ユーラシアにおける遊牧民の歴史的役割》,2005 年 3 月 18 日,日本国立民族学博物馆)",在狩猎的基础上,加上阉割和挤奶技术使游牧这种生存方式得以成立。另一方面,藤井纯夫和本乡一美认为,游牧是从移牧发展而来的形态,其基础应该是原始农耕(如本乡"家畜化的初期过程和游牧的开始",原题为《家畜化の初期過程と遊牧の始まり》,第 18 次日本人类学会进化人类学会分研讨会,2007 年 6 月 16 日,京都大学)。当然,关于农耕和畜牧两种生产方式产生的先后问题也存在不同见解。一种认为游牧是狩猎的延续,因此倾向于先出现的是游牧。而另一种则认为理论上农耕必然先于游牧产生。关于家畜化和初期农耕,有村诚也在该书*第一章做了详细叙述,可参考阅读。

　　农耕民和游牧民的生活领域不同不单单是因为气候差异造成的。游牧民将家畜群体作为自己的财产,而农耕民的财产则是土地。这两种生存方式从根本上就是两个不同的概念。如果农耕民占有土地,把牧草换成农作物来种植的话,游牧民的家畜群就无法生存下去。相反,如

---

*　本文中的"该书"指的是［日］佐藤洋一郎監修、鞍田崇編《ユーラシア農耕史(3):砂漠・牧場の農耕と風土》臨川書店,2009。(下同)

果游牧民的家畜群"袭击"农作物,那么几个月辛苦栽培的作物转眼间便会化为乌有。所以,游牧民和农耕民在长达几千年的岁月中一直处于对立的关系。

即使这样,两者的关系也并非完全敌对。比如,两者通过交易互相换取生活必需品。游牧民提供盐、乳制品等,农耕民提供谷物、日用品等。如此这般农耕民和游牧民既相互对立又相互弥补,形成了一种复杂的关系。

近现代国家的诞生,使得全球各地均被国界线所分割,形成了管理人与物往来的体系。这从根本上剥夺了游牧民生存的基础。管理土地以圈住所有资源,这种理论最终获胜了。这与下文介绍的日本列岛上的"胜利"具有相似的构造,即在水田上投入资本进行的水稻耕作,历经1 500多年战胜了绳文时代以来以狩猎和采集为基础的资源管理的"胜利"。

4　麦子风土

加藤镰司在该书第三章第二部分详细写道,中国新疆维吾尔自治区小河墓遗址的出土物显示,其附近曾有人类居住且存在伴有畜牧的农业活动。这里很可能曾有远比现在充足的水源,形成了森林,并存在过丰饶的生态系统。乌兹别克斯坦南部的达利维尔津·塔佩遗迹(自公元2世纪起延续了数个世纪)同样也发现了曾

存在大量水源和大片森林的迹象。这些中世纪遗迹中出土了混杂于水果种子等中的大量水稻种子化石。如本文文首提及的那样,这一时期正是玄奘西行印度之时。玄奘途经此地时,很可能食用了大米。

无论如何,以千年为单位回顾过往,很难想象那时的"沙漠"风土也如现在这般是完全不同于"牧场"风土的干旱、半干旱风土。想必过去曾存在可被称为广大"麦子风土"的风土,它曾涵盖了和辻所指的"牧场"和"沙漠"这两种风土。也就是说当时的欧亚大陆风土,不是一分为三,而是两分为称为"水稻风土"的季风风土和麦子风土,才更恰当。

当然,关于"麦子风土"的历史变迁,还有许多问题值得深究。例如,其农业形态如何,特别是对畜牧的依存度如何,当时的畜牧与如今的游牧是否相同,周围森林的规模如何,水资源平衡的状况如何等。我们现在还没有足以回答上述问题的数据。

5　麦子这种植物

我们在讨论"麦子风土"时所说的"麦子"到底指代什么呢?如果不算薏仁和荞麦的话,麦子一般指"秋播次年春季收获的二年生稻科谷物"。但是气候极度严寒的地区,也使用"春播型"的特殊品种,采用春播当年秋季收获的春耕栽培法。如

果把麦子看作植物来研究,如《麦子的自然史》(原题为《麦の自然史》)中河原太八详细说明的那样,麦是稻科中跨越数个谷物种类的连和属的总称。

不过,麦子的众多品种间存在着各种重要性相关的排序。比如从产量角度来看,比起其他麦子,小麦有着压倒性地位。而同为小麦,比起其他"硬粒小麦"和"一粒小麦","六倍体小麦"具有明显优势。更有甚者是像大麦中的"二棱大麦"那样,被特化用于酿造啤酒,具有其他品种无可替代的地位。另外进入现代社会后,又出现了跨种杂交创造新品种的情况。比方说,小麦和黑麦杂交出的小黑麦,部分已进入实用阶段。此外大麦和小麦的实验性杂交也正在进行,笔者想指出的是,在不久的将来很有可能出现这种品种间排序的变化。

这种排序与各品种的历史有关。六倍体小麦压倒性优势地位的背后,是其超强的适应性。六倍体小麦诞生于迄今7 500～8 000年前的今阿纳托利亚到里海南岸地区,是被称为"二粒小麦"的四倍体个体和被人们视为田间野草的"节节麦"自然杂交而成的。也就是说,拥有两种远缘基因的小麦,获得了适应多种环境的高适应性。

此外,据辻本寿研究,黑麦本是一种杂草,但在寒冷地区"升格"成了农作物

(辻本"麦田杂草——黑麦的进化"《麦的自然志》,日文原题为《コムギ畑の随伴雑草ライムギの進化》、《麦の自然誌》)。这大概是,长在小麦田里的黑麦一直被视作杂草,而当小麦被播种到条件恶劣的土地上,失去了作为谷物原有的生产性时,随之传来的黑麦的生产性相对变高,最终人们从黑麦中优选出长势良好的作为农作物种植。这样,黑麦原本上不了台面的"杂草"形象就渐渐被人淡忘了,这也可以看作是影响排序的事例吧。

而且这种作物与杂草的关系也适用于水稻,因而很有意义。水稻中有籼稻和粳稻这两个亚种。近来研究发现,籼稻是生长于温带的粳稻被引入热带后,与当地未知野生品种杂交后产生的(佐藤洋一郎,1996)。

欧洲虽说是麦子风土,但16世纪引进土豆后爆发了饮食革命。特别是在难以耕种小麦的北欧,土豆种植以惊人的速度扩张开来。这种土豆种植的急速推广虽带来了19世纪中叶以爱尔兰为中心的"土豆大饥荒"等副作用,但纵观全局可以说土豆的贡献相当大。

6 季风风土的麦子

其实,麦类的某种种子很早就侵入了"季风风土"。尤其是大麦,在绳文时代就已经传入日本列岛了,据此可以推测出麦

子被引进"季风风土"是相当早的。如同武田和义在该书第三章第一节中指出的那样,有趣的是季风性气候地带培育出的大麦,其基因型相当特别(Takahashi,1955)。也就是说这种大麦,具有分布于全世界的其他大麦品种都不具有的特殊基因型。其性状表现为皮裸性、糯性、涡性(高度和穗长缩短的性状)等,无论何种性状都受同一个隐性基因控制。另外最近的研究中,对"六棱大麦"的隐性基因做了详细检查后,发现了3个不同的基因,而季风地区的大麦品种无一例外地都具有这种特定基因。

虽未在小麦中发现类似大麦这样典型的例子,但从同功酶和几个基因位点来看,还是可以肯定季风地区特有的小麦基因型的存在。关于硬质小麦,只有印度和中国新疆维吾尔自治区部分地区的极少数品种为人所知,在季风地区几乎没有相关的培育历史。换言之,季风型麦子品种在很大程度上受到了"瓶颈效应"的影响。也就是说,麦子很可能是被小批量地引进了季风地区。

话虽如此,历史上可能存在多条引进麦子的路线。关于普通小麦的引进路线,《麦的自然志》(日文原题为《麦の自然誌》)中,加藤认为至少曾经存在丝绸之路和喜马拉雅南麓这两条路线。而关于大麦的引进路线,小西(1986)指出至少存在两条以上。

传到季风风土的麦子孕育了特别的食物。"面筋"就是其中的典型。面筋是由蛋白质含量高的高筋小麦粉做成的。用高筋小麦粉和水捏成团子,反复揉捏后仔细地洗掉淀粉,留下的便是主要成分为谷蛋白的蛋白质,这就是所谓的"生面筋"。

季风风土引进麦子后,因其强大的"瓶颈效应"孕育出了特殊的品种群。与此同时,也形成了特殊的麦耕文化和食物文化。

7 风土与古代文明

风土与古代文明的形成与衰亡有密切的关系。日本的教科书多将古埃及文明、两河流域文明、古印度文明、黄河文明介绍为四大世界古文明。最近也有加上长江文明并称为五大文明的。我们再在世界地图上看看这五大文明的所在地。首先,它们都是起源于温带地区大河沿岸的文明。正如众多学者指出的那样,长江文明以外的四个文明曾处的繁荣之地如今到处都变得干旱,失去了人口发展的支柱。古埃及文明、两河流域文明是建立于"沙漠风土"和"牧场风土"交接处的文明,而古印度文明、黄河文明则发源于"季风风土"和"沙漠风土"的交接处。总之,四大古代文明皆位于"麦子风土"或南或东

的边缘,也就是位于和辻所说的"沙漠风
土"的边缘地带。古代文明并非起初就诞
生于干涸的大地上。这样一来"沙漠风
土"或者至少说沙漠中的一部分是古代文
明凋敝之后才出现的风土。那么"沙漠风
土"形成的主要原因究竟是什么呢?

关于这个问题,气候学家恐怕会认为
数千年的时间跨度是导致干旱化的原因。
另外,也有学者同安田喜宪(Yasuda,
2005)一样,认为为确保燃料和开发耕地
而砍尽森林引发的气候变化导致了文明
的衰退。"气候变化""人类活动",仅凭这
些单一原因不可能直接导致干旱化、沙漠
化吧。笔者认为许多因素互为因果形成
了一个复杂的体系,就在这个体系不断变
化的过程中,沙漠风土诞生,古文明灭
亡了。

五大文明中,只有长江文明所处的长
江流域至今仍保持着较高的人口密度和
土地产出。关于这一点,虽有学者指出
"这是因为种植水稻比种植麦子更有利于
环境和谐",但笔者对此持保留意见,因为
就目前看来,不论是水稻还是麦子的种植
都很难说是有利于环境的可持续发展。

参考文献

伊東章治. 2008. ジャガイモの世界史─歴史を
　　動かした"貧者のパン"[M]. 中公新書、中央
　　公論新社.

梅棹忠夫. 1998. 文明の生態史観[M]. 中公文
　　庫、中央公論社.

玄奘(著)、水谷眞成(訳). 1999. 大唐西域記
　　[M]. 東洋文庫、平凡社.

小西猛朗. 1986. オオムギのきた道[M]//吉武
　　成美(他著). 日本人のための生物資源のルー
　　ツを探る. 築波書房:49-92.

佐々木高明. 2007. 照葉樹林文化とは何か──
　　東アジアの森が生み出した文化[M]. 中公新
　　書、中央公論社.

佐藤洋一郎(編). 2008. 米と魚. ドメス出版.

佐藤洋一郎、加藤鎌司(編著). 2009. 麦の自然史
　　[M]. 北海道大学出版会.

佐藤洋一郎、渡辺紹裕. 2009. 塩の文明史　人と
　　環境をめぐる五〇〇〇年[M]. NHKブック
　　ス、日本放送出版協会.

鈴木秀夫. 1987. 森林の思考・砂漠の思考[M].
　　NHKブックス、日本放送出版協会.

斯文・赫定(著)、福田宏年(訳). 1990. さまよえ
　　る湖[M]. 岩波文庫、岩波書店.

彼德・贝鲁伍德(著)、佐藤洋一郎、長田俊樹(監
　　訳). 2008. 農耕起源の人類史[M]. 京都大学
　　学術出版社.

山田勝久. 2008. 熱砂のオアシス都市に展開さ
　　れた文明の興亡[M]//児島健次郎(編). 悠久
　　なるシルクロードから平城京へ. 雄山閣:
　　73-116.

山本紀夫. 2008. ジャガイモのきた道──
　　文明・飢饉・戦争[M]. 岩波新書、岩波書店.

和辻哲郎. 1979. 風土─人間学的考察[M]. 岩波
　　文庫、岩波書店.

TAKAHASHI R. 1995. The origin and evolution

of cultivated barley[J]. Advances in Genetics 7:227-266.

YASUDA K. 2005. The Origins of Pottery and Agricuriture [M]. Roli Books Pvt Ltd.

WEBER S. 1991. Plants and harappan subsistence: an example of stability and change from rojdi[M]. Ox-ford & IBH Publishing Co.

中国新石器时代长江流域农业景观的变迁[*]

槙林启介

1 目的

讨论:农耕文化形成过程对农业景观变迁的影响

近些年来,特别是通过对自然遗存的分析,中国早期农业的研究取得了重大突破。现在可以确认,大米食用约开始于公元前 8 000 年的长江流域。根据形态学研究和 DNA 分析,人们已经开始发现更多关于野生稻和栽培稻的事实。尽管已有了很多具体的认识,单纯依靠自然遗存分析的手法弄清楚农耕文化的形成过程还远远不够。

"农耕化的形成过程"与社会群体的耕作活动和饮食活动息息相关。我们应从理论和逻辑两个方面系统地分析与农耕文化相关的文物,来研究农耕化的这一形成过程。农耕化的过程反映的是人与自然关系的变化过程,因此本文的研究亦

可以说是景观形成研究。

1.1 "长江中游"与"长江下游"是同一稻作文化区吗?

如图 1 所示,本文将分析"长江下游"地区和"长江中游"地区农业景观形成过程的差异,并讨论这两个地区的景观变化的特征。中国新石器时期的农业景观可以分为两大类:黄河流域的黍粟类旱作农业和长江流域的稻作农业。约翰·洛辛·巴克曾指出,这两大农业布局已是世界公认的中国农业结构。(甲元真之,1992)。通过比较"长江下游"和"长江中游"这两个稻作地区的栽培技术体系和饮食文化体系的差异(见下文),本论文将详细讨论"长江下游"和"长江中游"两个稻作农业景观形成过程的差异。

2 农耕文化的结构和体系:栽培技术体系和饮食文化体系

2.1 农耕文化结构和体系的理论框架

在着手分析之前,首先应提出基本的理论框架,这对于分析至为关键。通过对考古文物不断研究,作者加深了对早期农耕文化的了解。由此作者得出两个概念:栽培技术体系和饮食文化体系(图 2)

* 原载于 Journal of World Prehistory,2014, 27: 295-307,Springer.

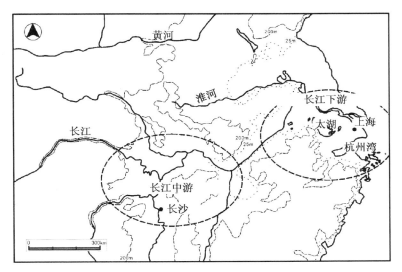

图1 "长江下游"地区和"长江中游"地区

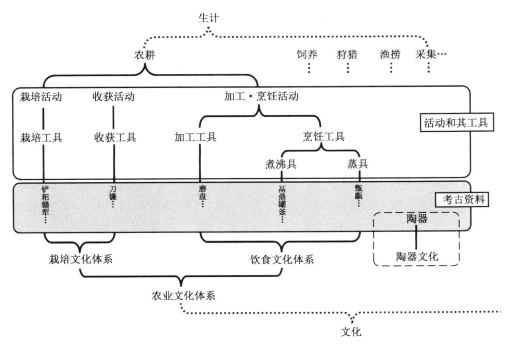

图2 农耕文化和人工遗物的理论框架

113

（槙林启介，2008）。这是从人工遗物分析得出的重要理论。一般来说，考古学运用人工遗物分析研究，而植物考古学运用自然遗物进行分析研究（Fuller et al，2008；Fuller、Qin，2010；Hosoya，2011）。本文则综合了两方面的特点，既有人工遗物分析，同时也运用了自然遗物分析的结果。

关于农耕主要有以下要素：主要作物、栽培活动及收获活动。考古学一般根据这些要素对农耕文化进行了分类。"农耕文化"的分类既有根据主要作物的分类方法，也有根据农具进行划分的方法。其实，收获后的处理方法也很重要。具体而言，这些包括了脱粒、精白、蒸煮、烘烤等加工烹饪过程。虽然栽培和食用属于两种不同的活动，但是它们都是农耕文化的一部分。

农耕文化包含着栽培技术体系和饮食文化体系，是一系列的过程。这一过程又分为两个方面：栽培活动和收获活动（这些属于栽培技术体系）及加工过程和烹饪过程（这些属于饮食文化体系）。

其中，栽培体系包含多种活动，如耕地、播种、中耕管理（如除草）和收获等。栽培工具包括锹、犁和锄头等。不过，这些新石器时代的文物究竟是用于耕作，播种还是管理呢？这是很难分辨出来的。研究发现，这些工具实际上一直在所有的农耕活动中使用，有着多种用途。其中，

所用的栽培工具和收获工具被统称为农具。收获期间使用的收割工具有石刀和石镰等。收获后的活动包括脱粒、精白、碾磨和烹饪等。收获的谷物经过加工、烹饪后就可以食用了。这些过程要用加工工具和烹调工具。加工工具有磨盘、臼研和木槌等，烹调器有煮沸具和蒸具等。我们应考虑人工遗物与农耕栽培及食用之间的实际关系，不能简单地臆造联系，这样一来，我们才能更好地弄清楚农耕文化的实际情况和作物农耕化的过程。当然，生计还包括牲畜饲养（放牧）、狩猎、捕鱼及采集等活动，农耕活动并非独立于这些活动的个体，而是复合型生计活动的一部分。将来，作者将对生计的体系化做出更加深入的研究。

2.2 关于加工工具的误解及再思考

在此，本文将详细介绍一下加工工具的相关知识。众所周知，磨盘是中国典型的脱粒、碎谷及磨粉的工具，被视作衡量作物栽培和耕作成果的一项指标。人们一直以来有着错误的观念，认为磨盘、臼研不能用来磨碎野生坚果（图3）。目前，关于长江流域和华南地区磨盘作用的分析，至今还无定论。其实，我们不仅仅要考虑磨盘与谷物的关系，更应重视磨盘与食用植物的关系（槙林启介，2004）。

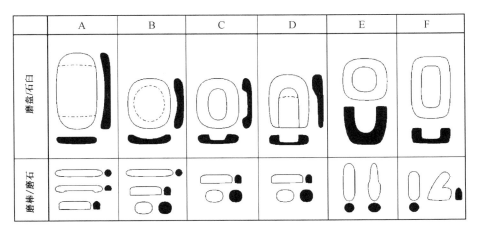

图 3　磨盘/石臼和磨棒/磨石的分类

2.3　从栽培到食用过程的中国特色

为什么不只局限于考察栽培过程,而是考察从栽培到食用的全过程呢?笔者将在以下做出说明。这是因为在中国新石器时代,人们已经利用了多种多样的谷物。在长江流域,水稻是主要作物,黄河流域则以黍、粟、稗类旱作农业为主。然而,随着地域间的文化交流,农耕类型不能再纯粹地用地域进行划分,有必要做出进一步的探讨。

基于上述理论认识,本文对长江流域的农耕文化作出如下探讨:首先,考察"长江下游"和"长江中游"地区农耕文化各自独立形成及变化的过程,然后在考虑这两地区景观形成和变化的基础上对其文化变迁进行解读和比较。

3　"长江下游"地区农耕文化的变化

3.1　饮食文化体系:加工工具和烹饪工具的变迁

在长江下游地区(包括太湖地区和杭州湾北部地区在内),早期文化的代表是马家浜文化。马家浜文化的历史可以追溯至公元前 5 000 年。公元前 4 000—公元前 3 300年左右,又出现了崧泽文化,再后在该地又出现了良渚文化(公元前 3 300年—公元前 2 500 年)。而在杭州湾的南部地区,在公元前 5 000—公元前 4 000年,出现了河姆渡文化。随后,虽然发现了在公元前 4 000—公元前 3 300 年出现的相当于崧泽文化晚期的河姆渡第一文化层,但在此之后出现了衰退。

以下是关于"长江下游"的饮食文化

体系的讨论。上文提及的磨盘主要用于黄河流域的食用植物加工,而在长江流域似乎未得到足够的重视。虽然相关的研究报告并不多见,但的确发现了多数可以看作磨盘的人工遗物,这些人工物可用来臼研(槙林启介,2004)。在河姆渡文化(约公元前 5 000 年)中,从河姆渡遗址和田螺山遗址也发现了大量的野生坚果(中村慎一,2008;田螺山遗址编委会,2009;

北京大学中国考古学研究中心等,2010)。这就说明,此项研究是有必要的。

在图 4 所示的蒸具中(槙林启介,2005),A 类是马家浜文化中的一种烹饪工具,B 类、C 类所示蒸具在崧泽文化中出现过,D 类所示蒸具则属于良渚文化。A 类蒸具最早出现,直至新石器晚期也有所使用。如图 5 所示,蒸具的类型一直有所增加,这说明烹饪方法也多种多样。

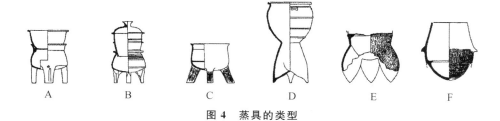

图 4　蒸具的类型

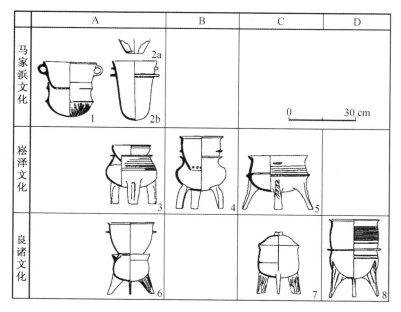

图 5　"长江下游"地区蒸具类型的变化

116

3.2 栽培技术体系:农具组合的变迁

如图 6 所示,本节将讨论农具的变化

问题。从马家浜文化中出土了大量的骨耜和木耜等生产工具。骨耜是用哺乳动物的肩胛骨制成的一种器具。说到收获

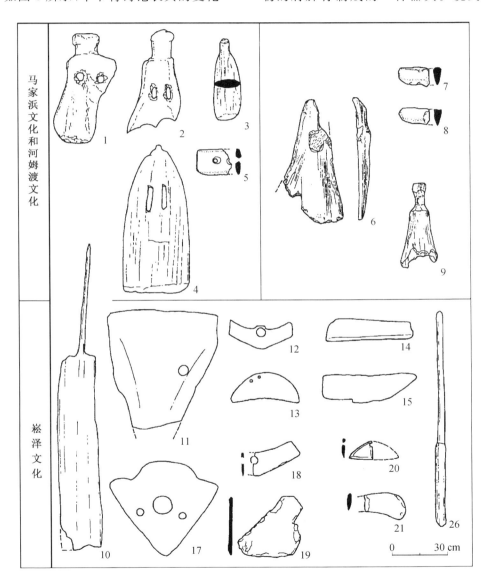

图6 "长江下游"地区生产工具的变迁

时用的工具,从马家浜文化(约公元前5 000年)的罗家角遗址中出土了一种形状不规则的收割用石刀,这种石刀与之后在崧泽文化中发现的收割工具属于不同类型。随后,马家浜文化中也发现了骨耜、木耜、石犁、破土器和耕田器等工具。石犁是用来作犁耕之用的农具(中村慎一,2004)。V形耘田器是加到锹上作刀刃之用的工具。另外,也发现了石刀和石镰,其中长方形的有两个穿孔的和没有穿孔的两种类型。在良渚文化中也出现过半月形的穿孔石刀。上述石刀显然来自于黄河流域。一般认为,石镰是出现在崧泽文化晚期的收割工具。这种石镰的把手垂直于刀片,可能除收割外还有着多种用途。新型农具如石犁、破土器、石镰的出现,表明人们的栽培技术已有了重要突破。许多研究人员发现,生产工具种类的增加与生产力逐步提高促进了社会的发展(中村慎一,1986),也促成了良渚文化中社会等级制度的出现(渡边芳郎,1994;宫本一夫,2000)。

3.3 农耕文化带来的景观变化

马家浜文化遗址分布在沼泽地带(如太湖周边)。早期,人们主要利用湖泊沼泽来种植水稻。在崧泽文化以后的时期出现的石犁、破土器和耕田器似乎已经取代了先前马家浜文化中的骨耜和木耜(藤原宏志,1998)。由此不难推想出,随着人们将沼泽改造成水田,耕种面积正逐渐扩大。

研究人员还不是很清楚石犁、破土器和耕田器的出现过程,也不了解这些农具从骨耜和木耜演变过来的过程。但因为在"长江下游"周边地区也没有发掘出石犁、破土器和耕田器等农具。所以笔者认为这些工具是在长江下游地区创造出来的。随着新型耕作工具的出现,在之后的崧泽文化中,骨耜和木耜的使用也开始增加。

随着农业的出现,一个地区的文化和自然的关系显然有所改变。可以说,从基本利用自然地形到因地制宜的改造,这一转变满足了社会发展的需求。如此看来,农业类型的增加提高了生产率,促进了社会的发展,这也促进了如良渚文化中所见的社会分化和等级制度。总之,一个地区水稻栽培的巨大变化不仅意味着这个地区自然景观的变化,也意味着整个社会随之发生了巨大变化。

4 "长江中游"地区农耕文化的变迁

4.1 饮食文化体系

在"长江中游"地区,最早的农耕文化是公元前8 000年左右的彭头山文化。随后出现了皂市下层文化、大溪文化、屈家岭文化和石家河文化。大约公元前3 300年，在屈家岭文化时期的城头山遗址和石家河遗址中首次发现了大规模的城墙。

饮食文化体系的变化也是文化景观变化的重要因素。这种变化影响着长江中游地区。图7表明了饮食文化体系的变化，也介绍了加工工具，烹饪工具及其背景。在长江下游地区出土的文物中，人们鲜少发现此类人工遗物，即使有相关的报告，也很难找到相关的照片或图样。从湖南高庙遗址（约公元前7 400年）和欧家台遗址中出土的磨盘以及屈家岭文化的遗址中的磨盘是值得一提的谷物加工工具，它可用来作臼研之用（湖南省文物考

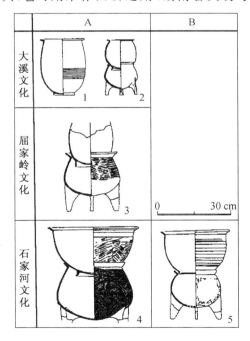

图7 "长江中游"蒸具的变化

古研究所，2000）。人们在大溪文化中发现了A类蒸具，在石家河文化中发现了B类蒸具。受到长江下游地区工具的影响，蒸具呈筒形，但是制作方法是长江中游自身的类型。这组鼎形底座在屈家岭文化之后的时期得到了广泛使用。墓葬和灰坑中也发掘出了很多类似人工遗物（槙林启介，2006）。

4.2 栽培技术体系

图8显示了栽培技术体系中农具的变化。人们还没有在彭头山文化中发现过独特的栽培农具和收获工具。在大溪文化中，人们使用的栽培农具是用碎石制成的锄。这种锄在其他时期也有所使用。这种农具是用长棍连着石锄做成的。在大溪文化早期，人们使用的是无定形的收割刀具。而在屈家岭文化中，人们使用的是打制的长方形石刀和石镰。这些受到了来自黄河流域的影响。

洞庭湖西部（属于彭头山文化）是稻作文化的发源地之一（严文明，1982）。然而，该地的人们很少使用磨制石器。在彭头山遗址中，虽然出土了由燧石和砂岩制成的打制石器，但至今为止人们还没发现具有栽培功能的工具。该地可能有木制和骨制工具用于水稻栽培。但至今还未发现可以证实这一推测的人工遗存文物。人们从大溪文化出土的陶器和房屋墙壁

的胎土中找到了稻秸的痕迹，同时也发现了大量的竹子和木头的痕迹（王杰，1987）。这个时期出现的打制石锄和石刀是基本的栽培工具。此后，屈家岭文化才出现了石镰。这些农具与同样以稻作为主的长江下游的农具有着显著差异。目前，也没有证据表明这一地区受到过长江下游流域农具的影响。也存在很多遗址人们未能从中发掘农具，可见农具在长江中游的文化遗存中所占比重很低。

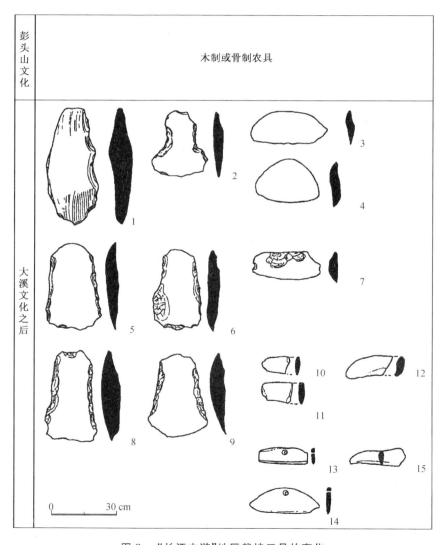

图 8 "长江中游"地区栽培工具的变化

120

5 "长江下游"和"长江中游"地区农耕文化体系的比较

迄今为止,从农耕层面来讲"长江下游"和"长江中游"都被归类于一个稻作地带,其中原因有两个:①在考古学界稻作的概念是相对于黄河流域黍类旱作的概念;②水稻遗存的有无一直被用作判断稻作文化存在与否的指标。与此类似,稻作栽培农具和收获农具的有无也被当作判断稻作文化存在与否的标准,而无视了长江中游与下游地区的区别。出现这样结果的原因或许是由于考古学界的误解,即不同地区相同栽培工具的存在。

有如上考虑,我们应将这两区域的栽培技术体系和饮食文化体系进行比较,揭示出长江下游和长江中游稻作文化的显著区别。

马家浜文化和彭头山文化是长江流域最古老的考古文化。从这两个文化中出土的稻类遗存是迄今为止最古老的稻作实例。马家浜文化(公元前6 000—公元前3 500年)中的骨耜是其中唯一的种植农具。换言之,在早期农业中,"长江下游"和"长江中游"流域没有相似的栽培和收获农具。此外,"长江下游"已存在蒸具,但在"长江中游",虽然有其他陶器的种类,但该地直到大约公元前3 500年的大溪文化晚期才出现蒸具。

在种植农具方面,彭头山文化(约公元前6 000年)出土的文物中,人们尚未发掘出明确的农具。有迹象表明该地可能存在木制农具,但没有如大溪文化中出现的打制石具。大约是在屈家岭文化时期才出现石镰和石刀,很明显,这些农具都起源于黄河中游,它们没有受到长江下游的影响。

6 不同稻作文化的发展过程及其景观特征

这些发现表明,水稻栽培并非是最先出现在长江流域的某一地区再扩散到周边区域的。即使同样是水稻栽培,在不同的地域、不同的生业体系中扮演着不同的角色。

为什么会存在这一差别呢?为什么长江中游和长江下游流域至今仍被考古学视作同一稻作地带呢?自20世纪80年代以来,考古学界一直在讨论稻作起源的问题。20世纪80年代早期,"长江下游"的河姆渡文化遗址便被视作为稻作地带。在彭头山遗址中发掘出稻米遗存后,"长江中游"流域便被视作稻米的原产地。之后,在长江下游的上山遗址中发现了装着稻壳的陶器后,长江下游又被重新视作稻作的发源地(盛丹平等,2006)。关于水稻栽培究竟是起源于一地还是多地,考古学界一直争论不休,至今未达成共识(佐藤洋一郎,2008;中村慎一,2008)。

作者认为稻作文化的起源是多元性的,且不同地区存在不同的发展模式。随着水稻的种植,栽培方法和农具也传播开来。

言归正传,各种栽培假设与上述"长江中游"和"长江下游"景观的差异有着直接关系。这种差异的起源于什么呢?一般认为,景观差异与该地区的气候、植被息息相关。除此之外,笔者认为,与地貌环境也有密切的关系。长江下游的地形环境主要是海岸、湖岸的滩涂、低地、沼泽和冲积平原等,长江中游则是冲积平原、河流阶地等。野生稻主要生长在湖岸浅滩、沼泽和河滩等地方,它多样化的生长环境也为人类提供了多种选择。

总之,在新石器时期,长江下游和长江中游存在着不同的栽培技术体系和饮食文化体系。直到公元前200年后汉代的铁官开始管理及推广铁器,这两个地区才开始使用一样的农具。

因此,将长江流域作为单一的稻作地带来讨论是不恰当的。本文强调了这样一个事实:"长江下游"和"长江中游"的农耕文化的形成过程有着不同之处。至少就农耕文化的形成过程和水稻栽培的出现过程而言,这两个地区有着不同的模式。从这点看来,作为稻作地带的长江流域至少有着两种不同的景观。

参考文献

北京大学中国考古学研究中心、浙江省文物考古研究所.2010.浙江余姚田螺山遗址——自然遗存综合研究[M].北京:文物出版社.

湖南省文物考古研究所.2000.湖南黔阳高庙遗址发掘简报[J].文物,(4):4-23.

严文明.1982.中国稻作农业的起源[J].农业考古,(2):19-31.

王杰.1987.大溪文化的农业[J].农业考古,(1):78-82.

盛丹平、郑云飞、蒋乐平.2006.浙江浦江县上山新石器时代早期遗址[J].农业考古,(1):30-32.

田螺山遗址编委会.2009.田螺山遗址——河姆渡文化新视窗[M].杭州:西泠印社出版社.

甲元真之.1992.长江和黄河——中国初期农耕文化の比较研究[M]//国立历史民俗博物馆研究报告,第40卷,1-120.

佐藤洋一郎.2008.稲の历史[M].京都:京都大学出版社.

中村慎一.1986.长江下流域新石器时代の研究——栽培システムの进化を中心に[R]//东京大学考古学研究室.东京大学考古学研究室研究纪要,第5号:125-194.

中村慎一.2004.良渚文化石器の分类[R]//金泽大学考古学研究纪要,第27号:131-137.

中村慎一编.2008.浙江余姚田罗山遗迹の学际的综合研究[M].金泽大学.

中村慎一.2009.稻作のはじまり[M]//ユーラシア农耕史,第1卷,临川书店:61-102.

藤原宏志.1998.稲作の起源を探る[M].岩波
　书店.

槙林启介.2004.中国新石器时代における磨
　盘・臼などの分类と地域性——黄河・长江
　流域を中心にして－[M]// 河濑正利先生退
　官记念论文集刊行会,考古论集——河濑正利
　先生退官记念论文集:987-1002.

槙林启介.2005.中国新石器时代における食文
　化体系とその変容——蒸具の多种化[M]//
　日本中国考古学会,中国考古学,第 5 号:
　149-170.

槙林启介.2006.中国新石器时代における甑の
　出现と展开[M]// 古代学协会,古代文化,第
　58 卷,第 3 号:85-106.

槙林启介.2008.中国新石器时代における农耕
　文化の形成と変容[M]//東アジアの文化构
　造と日本的展开,北九州中国书店:31-73.

宫本一夫.2000.中国古代北疆史の考古学的研
　究[M].北九州中国书店.

渡边芳郎.1994.中国长江下流域における玉器

副葬[M]//日本考古学协会,日本考古学,第 1
　号:207-220.

FULLER D Q，QIN L，HARVEY E. 2008. Evi-
　dence for a Late Onset of Agriculture in the
　Lower Yangtze Region and Challengers for an
　Archaeobotany of Rice[M]// In：A. Sanchez-
　Mazas，R. Blench. MD. Ross, I. Peiros, and
　M. Lin（eds.）. Past human migration in east
　asia：Matching Archaeology, linguistics and
　genetics. London：Routledge，40-83.

FULLER D Q,QIN L. 2010. Declining Oaks，In-
　creasing Artistry，and Cultivating Rice：Envi-
　ronmental and Social Context of the Emergence
　of Farming in the Lower Yangtze Region[J].
　Environment Archaeology ,15(2):139-159.

HOSOYA L A. 2011. Staple or Famine Food?
　Ethnographic and archaeological approaches to
　nut processing in east asian prehistory[J]. Ar-
　chaeological Anthropological Science，3:7-17.

第三部　人与自然研究的新展开

对中国云南省天然湖泊中鱼类病原性病毒的监测[*]

源利文、普孝英、谢杰、董义(音)、
吴德意、孔海南、杨晓霞、高原辉彦、
本庄三惠、山中裕树、川端善一郎

1 引言

淡水鱼中出现的传染性疾病不仅会打击水产养殖业,而且殃及整个生态系统,一旦暴发疫情,往往会造成巨大的损失。直到近来,传染病疫情的爆发一直很难预测,而最近分子生物学技术的进步,使我们能够更为容易地从水体中检测出病原体或是量化出数值(Honjo et al,2010;Minamoo et al,2009b;Haramoto et al,2007)。本文中,我们在洱海和滇池这两个中国云南的高原湖泊中,对6种代表性的鱼类病原性病毒——3种DNA病毒和3种RNA病毒——进行了监测。

鲤科疱疹病毒1型、2型和3型(Cy-HV-1、CyHV-2和CyHV-3)为本研究所监测的DNA病毒。这些病毒具有双链的DNA基因组,属于疱疹病毒,疱疹病毒下有4个属。所有的CyHV都属于鲤鱼病毒属(国际病毒分类委员会:http://www.ictvonline.org/)。CyHV会感染鲤科鱼类并引发严重的疾病。CyHV-1被认为是导致鲤鱼痘疮病的诱因,主要感染普通鲤鱼(Cyprinus carpio carpio)及其观赏性亚种锦鲤(C. carpio koi)。CyHV-2是导致造血组织坏死的原因。不论个头大小几乎所有的金鱼(Carassius auratus)都易受这种病毒的感染(Jung、Miyazaki,1995)。CyHV-3是锦鲤疱疹病毒病的病原体,主要感染普通鲤鱼和锦鲤。感染了这些病毒的鱼类死亡率较高,例如感染了CyHV-3的鱼超过80%会死亡(Ronen et al,2003)。

本研究中监测的RNA病毒为3种弹状病毒——传染性造血组织坏死病毒(IHNV)、病毒性出血性败血症病毒(VHSV)和鲤鱼春季病毒血症病毒(SVCV)。弹状病毒内含单链负股RNA基因组,外层有脂蛋白包膜。弹状病毒被分为6个属。IHNV和VHSV属于粒外弹状病毒属,而SVCV则属于水泡病毒属。弹状病毒感染在全球范围均有发生,

* 原载于 Limnology(2015)16:69-77,Springer.
DOI 10.1007/s10201-014-0440-5

而且我们在此研究的这3种病毒会给诸多宿主生物带来多种损害,它们被世界动物卫生组织认定为高度易感病毒。IHNV的主要宿主为鲑科鱼类,然而人们发现包括胡瓜鱼目在内的鲑科以外的鱼类偶尔也会被感染(世界动物卫生组织,2012)。我们之所以将IHNV作为研究对象,是因为洱海引进了太湖新银鱼(Neosalanx taihuensis)这种胡瓜鱼目的鱼类,且目前这种鱼已经成为洱海的优势物种(Kang et al,2009)。VHSV能够感染80多种海水及淡水鱼类,而且有时鱼类的野生种群中也会暴发疫情(世界动物卫生组织,2009b)。SVCV则会引发很多鲤鱼品种及其他某些鲤科和鲶鱼品种的急性出血性传染病毒血症(世界动物卫生组织,

2009a)。感染了这些弹状病毒的鱼类死亡率高达100%(世界动物卫生组织,2009b),因此这些病毒的入侵乃至存在都受到高度关注。

虽然尚无中国天然淡水水域爆发这些病毒性疾病的报告,但是考虑到这种爆发可能引发的经济损失和可能带来的对生态系统的破坏,很有必要对它们的存在/浓度含量进行监测。本文将报告我们在滇池和洱海这两个中国云南的天然湖泊中监测到的CyHV和弹状病毒的情况。

2 研究地点

滇池是云南省最大的湖泊,也是中国最大的高原湖泊。滇池位于北纬24.67°~25.02°,东经102.60°~102.78°(图1)。

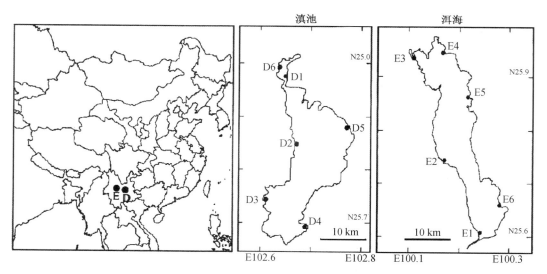

图1 研究地点:中国云南省的滇池(图中D处)和洱海(图中E处)(左图)。两个湖泊均设了6个采样点(D1—D6为滇池,中图;E1—E6为洱海,右图。)

128

湖面海拔高度为 1 887 m。最大水深和平均水深分别为 8.0 m 和 4.4 m，湖面面积为 298 km²。滇池长 39 km（从北到南），最大宽度为 12.5 km。洱海则仅次于滇池，为中国的第二大高原湖泊。位于北纬 25.60°～96°，东经 100.10°～100.29°（图 1）。湖面海拔高度为 1 974 m。最大水深和平均水深分别为 20.9 m 和 10.5 m，湖面面积为 250 km²。洱海长 42 km（从北-西北到南-东南），最大宽度为 8.4 km。我们在两个湖泊各设了 6 个取样点（图 1）。

3 研究方法

3.1 水样的采集

我们于 2010 年 8 月 3 日采集了滇池表层水的水样。洱海表层水的水样则于 2010 年 8 月 5 日、11 月 21 日和 2011 年 2 月 25 日、5 月 14 日进行了采集。2010 年 8 月采集的水样与此前一篇论文（Xie et al，2013）中报告的水样为同一样本。我们在采集现场测定了水温、pH 值和氧化还原电位（ORP）。2010 年 8 月采集了 4 L 的水样，而其余 8 L 的水样则是于其他采样日采集而来的。这些水样被装入塑料罐内运送到实验室，并于采样后的 24 h 内对病毒进行了浓缩。

3.2 病毒的浓缩

病毒的浓缩是在一家以前从未对我们的目标病毒做过处理的科研机构进行的，基本依据上文提及的浓缩方法进行操作，只是稍做了一些改动（Honjo et al，2010；Minamoto et al，2009a）。简而言之，我们在水样中添加了已知数量的 λ 噬菌体（最终浓度：1×10^7 个粒子/L）作为外标，来测评 CyHV 的浓度。预过滤水样中的病毒被涂覆了 Al^{3+} 离子的 HA 负电荷过滤器（孔径＝0.45 μm；HAWP 14250；密理博公司，日本东京）捕获。用 0.5 mM 的 H_2SO_4 漂洗后，再用 100 mL 的 1.0 mM NaOH 对病毒进行洗脱。添加 1 mL 的 100×TE 缓冲液（pH 8.0）进行中和，再使用相对离心率 5 000×g 的离心机（Amicon Ultra-15，30-kDa 截留分子量，密理博公司）进一步浓缩病毒溶液。最终获得的病毒浓缩液体积为 400 μL。

3.3 病毒 DNA 的提取和 CyHV 的量化

总 DNA 的提取，使用了 DNeasy 血液和组织 DNA 提取试剂盒（DNcasy Blood & Tissue Kit，Qiagen 公司，德国希尔登），按照使用说明从 200 μL 的总病毒溶液中，最终提取出了 100 μL 的病毒 DNA 溶液。总 DNA 在使用前，一直储存于－20℃的环境下。

为了防止实验室受到污染，PCR 实验

是在另一家研究机构进行的,未在进行病毒浓缩和 DNA 提取的研究机构进行。CyHV 和 λ 噬菌体 DNA 的量化,使用了带有 StepOnePlus 实时 PCR 系统的荧光定量(Taqman)PCR(Life Technologies 公司,美国加利福尼亚州卡尔斯巴德)。用于检测 CyHV-1 的引物和探针是由本研究项目开发的,而用于检测 CyHV-2 的引物和探针则是 Goodwin 等(2006)开发的。量化 CyHV-3 的方法是 Gilad 等(2004)开发的,由 Honjo 等(2010)进行了修改,且相同的 PCR 条件还被应用于量化其他 CyHV 之中。各引物及探针的序列如表 1 所示。各 TaqMan 反应都于 $1 \times$ PCR Mastermix 溶液(TaqMan Gene Expression Mastermix;Life Technologies 公司)中使用了 900 nM 引物和 125 nM TaqMan 探针,以及 $2 \mu l$ DNA 溶液对 40 mL 原始水样(2010 年 8 月所取水样)或是 $2 \mu l$ DNA 溶液对 80 mL 原始水样(其他水样)。每一份反应混合物的总体积均为 $20 \mu l$。提供的 PCR 条件为:50℃ 下 2 min、95℃ 下 10 min、95℃ 下 40 个 15 s 的循环和 60℃ 下 40 个 60 s 的循环。每组反复进行 3 次。我们使用了一系列经过稀释的 PCR 产物来获取标准曲线,这些 PCR 产物来自于 CyHV-1 或 CgHV-2 复制成的质粒,或是 CyHV-3 或 λ 噬菌体的全基因组 DNA($3 \times 10^{1} - 3 \times 10^{4}$ 份复制)。所有的 qPCR 实验均采用了 3 孔的无模板阴性对照,但并未显现出扩增。我们用 λ 噬菌体 与 CyHV - 3 的相对回收率(1.4∶1),估算出了 CyHV 的浓度(Honjo et al,2010)。

为了确认各取样点引物组的特异性,各取样点提取的对 qPCR 呈阳性反应的 qPCR 扩增子均经 ExoSAP-IT 产物纯化试剂盒(USB 公司,美国俄亥俄州克利夫兰)处理后,直接进行了测序。这些序列是委托商业测序服务(宝生物公司,日本东京)进行确定的。

3.4 病毒 RNA 的提取、逆转录和弹状病毒的检测

总 RNA 是从 200 μl 总病毒溶液中提取出来的,按操作说明使用了 ISOGEN-LS RNA 提取试剂盒(Nippon Gene 公司,日本东京)。用 12.5 μl 不含 RNA 酶的水稀释总 RNA,提取出 RNA 提取后,立即使用 PrimeScript II 第一链 cDNA 合成试剂盒(宝生物公司,日本大津)进行了逆转录。逆转录中使用了随机六聚体作引物,并在 42℃ 条件下进行了 1 h。将 cDNA 溶液的最终体积调整为 100 μl,保存于 —20℃ 条件下直至使用。

表 1　　　　　　　　　　　　本研究所用引物和 Taqman 探针的序列

	病毒 （扩增子长度）	引物和探针	序列(5'-3')	参考
DNA 病毒	CyHV-1 （78bp）	CyHV-lF	CTGCGAATGGGTACTCCTTGA	本研究
		CyHV-lR	AGGGCAGACCCGTTTTGTCT	本研究
		CyHV-lP	FAM-CCAGCATCACCGTGTTCCGCG- TAMRA	本研究
	CyHV-2 （92bp）	CyHV-2F	TCGGTTGGACTCGGTTTGTG	Goodwin 等（2006）
		CyHV-2R	CTCGGTCTTGATGCGTTTCTTG	Goodwin 等（2006）
		Cyl-IV-2P	FAM-CCGCTTCCAGTCTGGGCCAC- TACC-TAMRA	Goodwin 等（2006）
	CyHV-3 （78bp）	Kl-IV-86F	GACGCCGGAGACCTTGTG	Gilad 等（2004）
		KHV-163R	CGGGTTCTTATTTTTGTCCTTGTT	Gilad 等（2004）
		KHV-109P	FAM-CCTTCCTCTGCTCGGCGAG- CACG-TAMRA	Gilad 等（2004）
	λ 噬菌体 （84 bp）	Lambda-7l84F	TTCTCTGTGGAGGAGTCCATGAC	Honjo 等（2010）
		Lambda-7267R	GCTGACATCACGGTTCAGTTGT	Honjo 等（2010）
		Lambda-7210P	FAM-AGATGAACTGATTGC- CCGTCTCCGCT-TAMRA	Honjo 等（2010）
RNA 病毒	IHNV （59bp）	IHNV-F	GGTCGCCGAACTTCTGGAA	Liu 等（2008）
		IHNV-R	GTGCCCCAGTGTCCAAAGA	Liu 等（2008）
		IHNV-P	HEX-CCCTGGGCTTCTTGCTGGA- ECITPSE	Liu 等（2008）
	YHSV （145bp）	VHSV-F	CATCCATCTCCCGCTATCAGT	Liu 等（2008）
		VHSV-Rmod	AGACAGTTTCGCCTCYAAGAT	据 Liu 等（2008） 改进
		VHSV-Pmod	FAM-AGCGTCTCCGCAGTCGCGA- GTGG-TAMRA	据 Liu 等（2008） 改进
	SVCV （81bp）	SVCV-F	TGCTGTGTTGCTTGCACTTATYT	Liu 等（2008）
		SVCV-R	TCAAACKAARGACCGCATTTCG	Liu 等（2008）

病毒 （扩增子长度）		引物和探针	序列（5'-3'）	参考
鱼类 eDNA	普通鲤鱼	SVCV-P	FAM-ATGAAGARGAGTAAACKGC- CTGCAACAG-TAMRA	Liu 等（2008）
		CpCyB 496F	GGTGGGTTCTCAGTAGACAATGC	Takahara 等（2012）
		CpCyB 573R	GGCGGCAATAACAAATGGTAGT	Takahara 等（2012）
		CpCyB 550P	FAM-CACTAACACGATTCTTCG- CATTCCACTTCC-TAMRA	Takahara 等（2012）

注：序列中，"Y"表示 C 或 T，"K"表示 G 或 T，"R"表示 A 或 G

我们在另一家研究机构，并非完成病毒浓缩和 RNA 提取及逆转录的研究机构，进行了 PCR 实验。实验采用了 Liu 等（2008）开发的方法，我们准备了含有 3×10^1 至 3×10^4 份复制的一系列经过稀释的标准物，作为复制到质粒中并被扩增为三份的 PCR 产物，以获取标准曲线。IHNV、VHSV 和 SYCV 标准物的基因型，分别为基因型组 U（genogroup U，水生病原体传染性造血组织坏死病毒的分子流行病学：http://gis. nacse. org/ih-nv/）、基因型 Ib（Pierce，Stepien 2012）和基因亚型组 Id（subgenogroup Id）（Zhang et al，2009）。如上文所述，我们采用了无模板阴性对照。由于没有可用于评估弹状病毒回收率的外标病毒，所以我们没有进行绝对量化。我们的测序确认如上所述。

3.5 使用环境 DNA 进行的鲤鱼密度评估

我们在上文所述手法（Takahara et al，2012）的基础上做了一些细微的改进，使用环境 DNA（eDNA）对鲤鱼密度进行了估算。简而言之，将 500 mL 湖水倒入孔径为 $0.8\mu m$ 的过滤装置（ATIP04700：密理博公司）中，将过滤盘浸泡于 10 mL 蒸馏水中并予以搅拌。然后使用离心超滤设备（Amicon Ultra-15,30-kDa 截留分子量，UFC903096；密理博公司）在离心率 $5000\times g$ 下运转 $10\sim15$ min，浓缩悬浮液。所有试样的搅拌和浓缩步骤均反复进行 3 次。浓缩后的样本溶液体积为 $200\sim350\mu L$，使用 DNeasy 血液组织 DNA 提取试剂盒提取出所有样本溶液中的 eDNA。每一份 eDNA 样本的最终体积均为 $100\mu L$。

我们使用实时荧光定量（Taqman）PCR 进行了 eDNA 的量化。对线粒体细胞色素 b 基因片段进行的扩增和定量中，使用的引物为 CpCyB_496F 和 CpCyB_573R，探针为 CpCyB_550p（表1）。这些引物适用于普通鲤鱼，可以扩增一个 78-bp 片段。反应混合物的成分和热循环条件均与上文的说明相同。使用的标准物和阴性对照也与用于弹状病毒检测的相同。

4 结果

4.1 云南省湖泊中 CyHV 的量化

λ 噬菌体——用于确认病毒浓缩效率的外部标准物——在所有的 DNA 样本中都成功得以扩增，因此我们得出的结论是这些样本中没有发生 PCR 抑制作用。滇池和洱海水样的 λ 噬菌体平均回收率分别为 7.7% 和 6.4%。2010 年 8 月滇池中 3 种 CyHV 的浓度和 2010 年 8 月至 2011 年 5 月洱海中 3 种 CyHV 的浓度分别列入了表2。2010 年 8 月的调查结果已经用中文投稿发表（Xie et al，2013）。在 1 份滇池水样和 3 份洱海水样中检测到了 CyHV-1。CyHV-1 的最大浓度为 5.6×10^3 copies 1^{-1}。在 2 份滇池水样和 3 份洱海水样中检测到了 CyHV-2。CyHV-2 的最大浓度为 1.3×10^5 copies 1^{-1}。滇池水样中没有检测出 CyHV-3，而洱海的 9 份水样呈 CyHV-3 阳性反应。所有采集于 11 月的洱海水样都呈 CyHV-3 阳性反应，最大浓度为 1.1×10^3 copies 1^{-1}。每一份水样的 CyHV 检测限值都列入了表 2，我们发现平均检测限值为 341 copies 1^{-1}。

我们对各采样点中 qPCR 阳性反应的 qPCR 扩增子进行了直接测序，其 DDBJ 检索号为 AB709901-AB709905。CyHV-1、CyHV-2 和 CyHV-3 的测序结果与报告出的序列的匹配率分别为 99% ~ 100%、100%、100 %。

4.2 云南省湖泊中弹状病毒的检测

我们对滇池和洱海中是否存在 3 种弹状病毒（表2）进行了检测。关于这三种弹状病毒，IHNV 在任何水样中均未被检出。24 份洱海水样中，有 14 份检出了 VHSV，而滇池水样中未检出。由于没有可用于评估弹状病毒回收率的外标，我们假设所有水样的总回收率是一定的，根据实时 PCR 的结果，计算出了 VHSV 的相对浓度（图 2）。VHSV 的相对浓度在冬季更高。SVCV 则分别在 0 个滇池水样和 4 个洱海水样中得以检出。

我们对各采样点中 qPCR 阳性反应的 qPCR 扩增子进行了直接测序，其 DDBJ 检索号为 AB709906 和 AB709907。关于 VHSV，得到的 103-bp 序列与基因型为 Ib 的株病毒（strain virus）（Pierce，Stepien

2012)相同。关于 SVCV,得到的 36-bp 序列与基因亚型组 Id(Zhang et al,2009)相同。

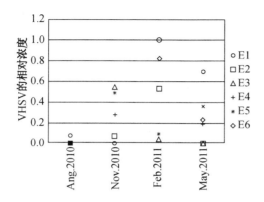

图 2 洱海中 VHSV 的相对密度

注:将最大浓度(E1 于 2011 年 2 月)设为 1,画出了各自的相对值。E1—E6 表示洱海的采样点(图 1)

4.3 洱海中的鲤鱼密度

我们对 2010 年 11 月至 2011 年 5 月间采集到的洱海水样,使用 eDNA 定量法估算了鲤鱼的生物量。在生物量估算中,我们应用了一条回归线 [$y = 0.020x + 0.00012$;y =估计的生物量(mg·l^{-1}),x = eDNA copies l^{-1}],该回归线是根据人工池塘实验的结果估算出来的(Takahara et al,未发表资料)。在 2010 年 11 月采集到的 5 份水样、2011 年 2 月采集到的 1 份水样和 2011 年 5 月采集到的 6 份水样中,检出鲤鱼 DNA 的分别为 5 份、1 份、1 份。估算出的普通鲤鱼的生物量为 1.9~13.2 mg·L^{-1}(表 2)。

表 2 　水质及病毒检测/量化参数

采样地点			温度/℃	pH	EC (mS/cm)	ORP (mV)	CyHV-1 (copies L^{-1})	CyHV-2 (copies L^{-1})	CyHV-3 (copies L^{-1})	CyHV 检测限 (copies L^{-1})	IHNV	VHSV	SVCV	鲤鱼密度/mg·L^{-1}
			水质参数				DNA 病毒				RNA 病毒			
滇池	2010 年 8 月	D1	22.2	7.6	0.6	231	—[b]	—[b]	—[b]	49	—	—	—	
		D2	20.4	9.6	0.43	207	—[b]	—[b]	—[b]	542	—	—	—	
		D3	23	9.5	0.44	204	—[b]	1608[b]	—[b]	354	—	—	—	
		D4	22.9	10.0	0.46	190	—[b]	433[b]	—[b]	200	—	—	—	
		D5	26.2	9.5	0.41	203	688[b]	—[b]	—[b]	352	—	—	—	
		D6	26.3	8.9	0.66	226	—[b]	—[b]	—[b]	20	—	—	—	

采样地点			水质参数				DNA 病毒				RNA 病毒			鲤鱼密度/mg·L⁻¹
			温度/℃	pH	EC(mS/cm)	ORP(mV)	CyHV-1 (copies L⁻¹)	CyHV-2 (copies L⁻¹)	CyHV-3 (copies L⁻¹)	检测限 (copies L⁻¹)	IHNV	VHSV	SVCV	
洱海 2010 年 8 月	E1		23.6	8.6	0.26	189	_^{b}	_^{b}	_^{b}	61	-	+	-	
	E2		22.7	8.3	0.28	230	_^{b}	_^{b}	_^{b}	30	-	-	+	
	E3		23.2	7.9	0.36	253	_^{b}	_^{b}	_^{b}	30	-	-	-	
	E4		26.5	8.9	0.25	215	_^{b}	_^{b}	_^{b}	58	-	-	-	
	E5		26.5	9.0	0.27	218	_^{b}	_^{b}	_^{b}	76	-	-	-	
	E6		24.6	8.9	0.26	224	_^{b}	_^{b}	_^{b}	71	-	-	-	
2010 年 11 月	E1		15.7	10.0	0.25	n. d.^{a}	-	498	572	103	-	-	-	4.8
	E2		16.9	8.6	0.25	183	-	-	350	76	-	+	-	-
	E3		15.3	7.8	0.36	n. d.^{a}	-	-	347	100	-	+	+	1.9
	E4		19.1	8.5	0.26	n. d.^{a}	-	-	364	63	-	+	-	1.9
	E5		18.6	8.7	0.26	n. d.^{a}	3094	-	120	64	-	+	-	2.0
	E6		17.2	8.4	0.26	283	-	557	1073	98	-	-	-	2.0
2011 年 2 月	E1		14.9	8.9	0.26	303	-	-	-	282	-	+	+	-
	E2		12.7	8.8	0.28	268	-	-	-	216	-	+	+	-
	E3		14	8.3	0.36	314	-	-	412	115	-	+	-	-
	E4		16	8.9	0.26	306	5566	-	-	119	-	+	-	-
	E5		16.7	9.0	0.27	296	-	-	-	518	-	+	-	-
	E6		13.3	8.5	0.27	291	4978	-	-	116	-	+	-	3.3

采样地点	水质参数				DNA病毒				RNA病毒			鲤鱼密度/mg·L⁻¹
	温度/℃	pH	EC(mS/cm)	ORP(mV)	CyHV-1(copies L⁻¹)	CyHV-2(copies L⁻¹)	CyHV-3(copies L⁻¹)	CyHV检测限(copies L⁻¹)	IHNV	VHSV	SVCV	
2011年5月 E1	23.5	9.2	0.26	292	-	-	271	271	-	+	-	-
E2	22.2	7.6	0.4	236	-	125190	-	5205	-	-	-	13.2
E3	23	7.7	0.33	289	-	-	476	122	-	-	-	-
E4	24.7	8.9	0.27	286	-	-	-	431	-	+	-	-
E5	23.4	8.9	0.29	287	-	-	-	57	-	-	-	-
E6	20.9	8.6	0.31	301	-	-	-	428	-	+	-	-

注：a 表示因设备故障未能确定。

b 表示 2010 年 8 月调查中检测到的 DNA 病毒数据来源于 Xie 等（2013）。

5 讨论

本文中，我们尝试了对 CyHV-1，CyHV-2，CyHV-3 和 IHNV，VHSV，SVCV 这 6 种病毒进行检测或量化，结果成功检出了除 IHNV 外的所有病毒。这 6 种病毒之中，只有存在于自然水体中的 CyHV-3 病毒的动态资料较为丰富，可供研究。而据我们所知，这是第一份在天然水样中检出 SVCV 的报告。

洱海的 24 份水样中有 9 份检出了 CyHV-3。曾有学者报告过中国的一个水产养殖池暴发 CyHY-3 引发的锦鲤疱疹病，并从病鱼样本中分离出了病毒（Dong et al，2011；Liu et al，2002）。然而，目前尚无自然环境中暴发疫情的报告。我们检测到的 CyHV-3 最大浓度为 1 073 copies l⁻¹，这个数值记录于 11 月份。虽然几乎没有疫情暴发期或是暴发后不久的 CyHY-3 浓度数值，但是据报告该数值为 $5 \times 10^4 \sim 8 \times 10^4$ copies l⁻¹（参见表 2；Minamoto et al，2012）。因此，目前的 CyHV-3 浓度表明，尚无立即暴发疫情的可能性，但是对病毒浓度进行持续性监测十分重要。

研究人员已经报告了日本淡水中 CyHV-3 的动态，这些病毒可导致鱼类的大量死亡（Minamoto et al，2009a，2009b，2012）。日本几乎所有河流中都曾检出过 CyHV-3 的 DNA，但是病原体的存在并不一定引发疫情（Minamoto et al，2012）。研究者们预测病原体之外的其他环境因素也决定着疫情是否暴发。因此对宿主物种——普通鲤鱼的密度也进行了检测。一般来说，传染性疾病的传播程度或速度与宿主物种的密度密切相关（Hudson et al，2001）。我们使用最近开发出来的一种 eDNA 方法对鲤鱼密度进行了估算，得出的数据表明，洱海中普通鲤鱼的密度处于检测限值以下至 13.2 mg·l^{-1} 这一范围内，这个数据低于 Ibarai 湖泻湖的估算值（最大值 282 mg·l^{-1}），Ibarai 湖在本次调查的 7 年前爆发过一次 CyHV-3 引发的疫情（Takahara et al，2012）。洱海鲤鱼的低密度可能有助于抑制疫情暴发。虽然尚无明确数据，但许多其他因素也可能有助于抑制 CyHV-3 的暴发。我们期待长期的病毒监测和数据积累，能够推动对引发或抑制疫情暴发的环境因素进行的相关研究取得进展。

虽然尚无中国暴发 CyHY-1 疫情的报告，但是滇池和洱海中都检测出了这种病毒。CyHY-1 主要感染普通鲤鱼和锦鲤，而这些湖泊中鲤鱼群的低密度可能有助于抑制疫情暴发，就像 CyHY-3 那样。与此类似的是，两座湖泊中均检测了 CyHY-2，但是同样也没有中国在自然环境下暴发相关疫情的报告。CyHV-2 会感染金鱼和鲫鱼（Fichi et al，2013），鲫鱼是金鱼的野生型亚种，分布广泛，是生活在包括云南在内的中国内陆地区人们的蛋白质来源之一（Chu、Zhou，1989）。而且一些鲤亚科鱼类是这种病毒的潜在载体，尽管 CyHV-2 在不同物种体内的复制能力可能不同（Ito、Maeno，2014）。关于这两种病毒在自然环境下的动态，相关信息十分有限，因此需要对这些病毒及其他基础信息进行持续监测，这些基础信息包括病毒近亲种类的易感性和病毒感染的风险评估。

洱海和滇池中均未检出 IHNV。与其他弹状病毒相比，据目前研究所见 IHNV 的宿主范围相对较窄，主要感染鲑形目。中国东北地区曾暴发过 IHNV，而且对活鱼进行检测时也曾发现过疑似感染的事例（Liu et al，2008），但是从未有过中国南方暴发这种病毒的报告。鉴于我们的调查结果和云南鲜有鲑形目鱼类的现状（Chu、Chen，1999），这种病毒或许不需要加以关注。

VHSV 在超过一半的洱海水样中都得以检出，而滇池水样中并未检出。所有 2011 年 2 月采集于洱海的水样都呈 VHSV 阳性反应，而且病毒的相对浓度显示出了年度波动，其峰值出现在冬季。病毒性出血性败血症疫情通常会在 1℃～15℃ 条件下暴发，我们采样时的平均水温为 14.6℃，因此病毒相对浓度的冬季峰值是合理的。

虽然尚无中国爆发病毒性出血性败血症疫情的报告，但是洱海的多处检出了相关病毒的遗传物质。当然，检测到RNA片段和检测到病毒本身并不相同，但是现在已有报告指出鱼类样本中检测到的病毒和水样中检测到的遗传物质（病毒RNA）间存在密切关联（Bain et al，2010）。因此，我们的研究结果表明，VHSV已经侵入了中国的天然湖泊。虽然已知较易感染VHSV的82种鱼类均不生息于洱海中，且基因型Ib株系病毒通常都是从海水鱼中分离出来的（Chu、Zhou，1989；世界动物卫生组织，2009b），但是VHSV的宿主范围非常广泛，所以有可能存在一种尚未得到确定的易感物种。这种疾病一旦爆发，将会产生相当大的损失，因此有必要监测这种病原体的动态，并找出其在洱海中的宿主物种。

研究人员已从中国的鱼类中分离出了一个传染性SVCV微粒（Liu et al，2004），并报告了一例在市场所购鱼类中检出此病毒的事例（Liu et al，2008）。这两例均未观察到临床症状，而且至今仍无爆发疫病的相关报告。因此，SVCV有可能在未被识别的情况下已在自然环境中扩散。在本研究中，4份采自洱海的水样中检出了SVCV。SVCV可感染的鲤科鱼类范围广泛，因此在多种鲤科鱼类生息的云南省（Kang et al，2009；Yuan et al，2010；Zheng et al，2004）对这种病毒进行监测是非常重要的。

我们的研究揭示了云南的天然湖泊中存在某些鱼类病原病毒的现状，尽管尚无这些湖泊爆发疫情的报告。在中国将鲤科鱼类作为食物来源的需求量很高，尤其是在云南省这样的内陆地区。事实上，鲤鱼及其近亲鱼类全球产量的2/3来自中国（联合国粮食及农业组织，渔业统计数据/全球产量；http://www.fao.org/fishery/statistics/global-production/en）。如果鲤科鱼类爆发了传染性疾病，可预见的经济和生态影响将会十分严重。因此，应当事先评估这类事件的风险并准备好应对措施。

非本地鱼类的水产养殖不断增加，导致20世纪80年代以来洱海鱼类种群的生物多样性出现了显著下降（Wu、Wang，1999）。自那之后一直观测到生物多样性的丧失，但其发生机制仍不清楚，传染性疾病的因素无法排除。从21世纪初期起，为了保护鱼类多样性，已经逐渐禁止养殖外来鱼种，并对捕鱼做了严格限制。此外，还采取了很多改善水质的措施，湖畔地貌已经恢复到了接近自然的状态（Yang，2009）。事实上，近年来已有报告称洱海的水质自2004年以来已经得到显著提高（Yang，2009）。保护湖边温度环境的异质性或是生息地的异质性是控制传染性疾病的一个有效办法（Uchii et al，2011；Yamanaka et al，2010），而且对这种环境多样性的维护可能有助于控制洱海爆发病毒引发的疫病，即便湖水中存在病毒。

本文中，我们明确了湖中存在病原病毒遗传物质的事实，尽管并未检测到与此相关的疾病。这表明，对病原体的监测在预测或者预防传染性疾病方面可能会成为一种强有力的工具。然而，这种监测方法无法评估病毒的传染性。因此，我们需要进一步研究，明确病毒复制数与感染风险间的关联。在不久的将来，随着这类研究的积累和下一代测序等综合技术的发展，将使传染性疾病的预测或预防成为现实。

致谢

衷心感谢日本综合地球环境学研究所（RIHN）C-06 研究项目成员给予我们的帮助。本研究得到了 RIHN C-06 研究项目和日本文部科学省青年研究补助金（B：20710013）的支持。其中，源利文、本庄三惠、山中裕树、川端善一郎均为日本京都大学生态研究中心的科研人员。

参考文献

BAIN M B, CORNWELL E R, HOPE K M, et al. 2010. Distribution of an invasive aquatic pathogen (Viral hemorrhagic septicemia vims) in the Great Lakes and its relationship to shipping[J]. PLoS One 5(4)：e 10156. doi：10. 1371/journal. pone. 0010156

CHU X, CHEN Y. 1999. The fishes of Yunnan [M]. Science Press, Bejing

CHU X, ZHOU W. 1989. Fishes of Erhai[M]. In：Science and Technology Commission of Dali DEA (ed) Collected scienific works on Erhai Lake in Yunnan. Science and Technology Commission of Dali, Dali Erhai Administration, Dali：1-30.

DONG C, WENG S, LI W, et al. 2011. Characterization of a new cell line from caudal fin of koi, Cyprinus carpio koi , and first isolation of Cyprinid herpesvirus 3 in China[J]. Virus Res 161(2)：140-149. doi：10. 1016/j. virusres. 2011.07.016

FICHI G, CARDETI G, COCUMELLI C, et al. 2013. Detection of Cyprinid herpesvirus 2 in association with an Aeromonas sobria infection of Carassius carassius[J]. J Fish Dis 36(10)：823-830. doi：10. 11111/jfd. l2048

GILAD O, YUN S, ZAGMUTT. VERGARA F J, et al. 2004. Concentrations of a Koi herpesvirus (KHV) in tissues of experimentally infected Cyprinus carpio koi as assessed by real-time TaqMan PCR[J]. Diseases Aquat Organ60(3)：179-187.

GOODWIN A E, MERRY G E, SADLER J. 2006. Detection of the herpesviral hematopoietic necrosis disease agent (Cyprinid herpesvir-

us 2) in moribund and healthy goldfish: valida-
tion of a quantitative PCR diagnostic method
[J]. Dis Aquat Organ 69(2-3): 137-143.

HARAMOTO E, KITAJIMA M, KATAYA-
MA H, et al. 2007. Detection of koi herpes-
virus DNA in river water in Japan[J]. J Fish
Dis30(I):59-61.

HONJO M N, MINAMOTO T, MATSUI K, et
al. 2010. Quantification of cyprinid herpesvir-
us-) in environmental water by using an exter-
nal standard virus[J]. Appl Environ Microbiol
76: 161-168.

HUDSON P J, RIZZOLI A, GRENFELL B T,
et al. 2001. The ecology of wildlife diseases
[M]. Oxford University Press, Oxford.

ITO T, MAENO Y. 2014. Susceptibility of Jap-
anese Cyprininae fish species to cyprinid her-
pesvirus 2 (CyHV-2)[J]. Vet Microbiol169
(3-4):128-134. doi: l0. 1016 /j. vctmic. 2014.
01. 002.

JUNG S J, MIYAZAKI T. 1995. Herpesviral
haematopoietic necrosis of goldfish, Carassius
auratus[J]. J Fish Dis 18(3):211-220.

KANG B, HE D, PERRETT L, et al. 2009.
Fish and fisheries in the Upper Mekong: cur-
rent assessment of the fish community, threats
and conservation[J]. Rev Fish Biol Fisheries19
(4):465-480.

LIU H, SHI X, GAO L, et al. 2002. Study on
theaetiology of koi epizootic disease using the
method of nested-polymerase chain reaction as-
say (nested-PCR) [J]. Huazhong Agric

Univ21(5):414-419.

LIU H, GAO L, SHI X, et al. 2004. Isolation
of spring viraemia of carp virus (SVCV) from
cultured koi (Cyprinus carpio koi) and com-
mon carp (C. c01pio c01pio) in P. R. China
[J]. Bull Eur Assoc Fish Pathol 24 (4):
194-202.

LIU Z, TENG Y, LIU H, et al. 2008. Simulta-
neous detection of three fish rhabdoviruses u-
sing multiplex real-time quantitative RTPCR
assay[J]. J Virol Methods 149(1):103-109.

MINAMOTO T, HONJO M N, KAWABATA
Z. 2009a. Seasonal distribution of cyprinid
herpesvirus 3 in Lake Biwa[J]. Appl Environ
Microbiol 75:6900-6904.

MINAMOTO T, HONJO M N, UCHII K, et
al. 2009b. Detection of cyprinid herpesvirus 3
DNA in river water during and after an out-
break[J]. Vet Microbiol 135:26 1-266.

MINAMOTO T, HONJO M N, YAMANAKA
H, et al. 2012. Nationwide Cyprinid herpes-
virus 3 contamination in natural rivers of Japan
[J]. Res Vet Sci 93(1):508-514. doi: IO.
J016 /j. rvsc. 20 I 1.06.004.

PIERCE L R, STEPIEN C A. 2012. Evolution
and biogeography of an emerging quasispecies:
diversity patterns of the fish Viral Hemorrhag-
ic Septicemia virus (VHSv)[J]. Mol Phylo-
genet Evol63(2):327-341. doi: I 0. 1016 /j.
ympcv. 20 11. I 2.024.

RONEN A, PERELBERG A, ABRAMOWITZ
J, et al. 2003. Efficient vaccine against the vi-

rus causing a lethal disease in cultured Cyprinus carpio[J]. Vaccine 21:4677-4684.

TAKAHARA T, MINAMOTO T, YAMANA-KA H, et al. 2012. Estimation of fish biomass using environmental DNA[J]. PLoS ONE 7 (4):e35868.

UCHII K, TELSCHOW A, MINAMOTO T, et al. 2011. Transmission dynamics of an emerging infectious disease in wildlife through host reproductive cycles[J]. ISME J 5:244

World Organization for Animal Health. 2009a. Spring viraemia of carp. In: Manual of diagnostic tests for aquatic animals 2009 [R]. World Organization for Animal Health, Paris: 262-278.

World Organization for Animal Health. 2009b. Viral haemorrhagic septicaemia. In: Manual of diagnostic tests for aquatic animals 2009[R]. World Organization for Animal Health, Paris: 279-298.

World Organization for Animal Health. 2012. Infectious Haematopoietic Necrosis. In: Manual of diagnostic tests for aquatic animals 2012 [R]. World Organization for Animal Health, Paris: 300-313.

WU Q L, WANG Y F. 1999. On the succession of aquatic communities in Lake Erhai[J]. J Lake Sci 11 :267-273.

XIE J, WU D, CHEN X, et al. 2013. Relationship between aquatic vegetation and water quality in the littoral zones of Lake Dian-chi and Lake Er-hai[J]. Environ Sci Tech (Wuhan) 36(2):61-65 (in Chinese).

YAMANAKA H, KOHMATSU Y, MINAMO-TO T, et al. 2010. Spatial variation and temporal stability of littoral water temperature relative to lakeshore morphometry: environmental analysis from the view of fish thermal ecology[J]. Limnology 11 (1): 7 1-76. doi:10.1007 /s10201-009-0281-9.

YANG B. 2009. Current status and countermeasures of protecting and fathering Erhai wetland[J]. Sichuan For Explor Design 1: 57-60.

YUAN G, RU H, LIU X. 2010. Fish diversity and fishery resources in lakes of Yunnan Plateau during 2007—2008[J]. Lake Sci22 (6): 837-841.

ZHANG N Z, ZHANG L F, JIANG Y N, et al. 2009. Molecular analysis of spring viraemia of carp virus in China: a fatal aquatic viral disease that might spread in East Asian [J]. PLoS ONE4(7):c6337. doi:10.1371 /journal. ponc. 0006337.

ZHENG B R, ZHANG Y P, XIAO C J, et al. 2004. The genetic evidence for sympatric speciation pattern of Cyprillus from Erhai Lake [J]. Acta Genet Sinica 31 (9):976-982.

中国洱海湖春季水温的时空分析：对渔业的影响[*]

山中裕树、源利文、吴德意、孔海南、
卫志宏、刘滨、川端善一郎

1 引言

　　湖泊和池塘的湖泊学特征包括温度、光生物和光化学过程所需的光、含氧量、养分保留时间和栖息地环境，这些主要取决于湖泊所处的地理位置和形状（Wetzel，2001；Kalff，2002）。水温影响着热分层、溶氧度、湖泊动植物的代谢呼吸和污染物的毒性，因此对湖泊生态系统的运行起着尤为重要的作用（Stefan et al，1998）。

　　中国云南省的洱海湖地处低纬度高海拔地区，具有该地形特有的湖泊学特征。它是云南高原上最大的断层湖。由于近几年该地区快速的经济发展和人口增长，洱海湖目前饱受富营养化（Jin，2003）以及道路、河堤建设等导致的湖岸线变动的困扰。为了解决这些问题，必须

确定洱海湖的热环境，因为湖水温度的垂直和水平变化调节着湖水的循环和分层，继而影响整个湖泊的营养循环。根据Lewis（1983）提出的湖泊分类法，洱海湖可被划为水体频繁混合的暖多循环湖；因此我们需要分析水温的短期波动，以精准监测水流运动并确定水流运动是如何影响洱海湖形成其独特的湖泊特征的。另外，洱海湖已被证实为是支撑鲤科鱼类同域物种形成（Zheng et al，2001）及大量当地特有珍稀水生动物的栖息地。例如，目前已发现 17 种当地特有的鱼类（Chu、Zhou，1989），而且这些本土动物可能已适应了洱海湖的湖泊环境和在此环境下的季节变化。要管理洱海湖水质并确保其继续支撑这种多样化的生态环境，就必须确定洱海湖的热环境以促进本土水生生物及其相关保护方案的研究。

　　现在人们认为全球变暖是导致进化和形态学变化、物候学变化、丰度和群落重组、分布变化、生态系统过程变化（Parmesan、Matthews，2006）的原因。另外，局部因素会在较小的时空范围内影响水温。例如，已有报告指出对河岸植被的彻

　　＊ 原载于 The International Society of Limnology（SIL），Inland Waters，Volume2，No. 3：129 - 136（2012）。Url：https://www. fba. org. uk/journals/index. php/IW/article/viewFile/455/314．DOI：10.5268/IW-2.3.455

底破坏导致了水温的增量变化(Sugimoto et al,1997;Bourque、Pomeroy,2001)。对湖岸进行的水下形态测量也会导致热环境发生显著变化,而且人们已经注意到了人为改造湖岸线导致湖滨区异温栖息地减少所带来的风险(Yamanaka et al,2010)。全球变暖无疑是主要且长期威胁湖泊热环境的因素,但我们也必须解决人类活动在短期和局部范围内对湖泊环境造成的相对更为直接的影响。如果没有高时空分辨率的湖泊热环境基线数据,则很有可能因错过异常现象而无法有效地监测和管理湖泊环境。

本研究中,我们测量了初春到初夏洱海湖本土鲤科鱼类潜在产卵期内(Zheng et al,2004)水温的水平和垂直分布,来建立这一期间的热环境基线数据。我们分析了表水层与底水层、湖滨区与浮游区之间温度的空间性变化和各观测点温度的时间性变化,以明确水生生物御寒栖息地的特征。

2　研究地点

洱海湖的地理坐标为北纬 $25°35'$—$25°58'$;东经 $100°05'$—$100°17'$。海拔高程约为 1 974 m。最大水深和平均水深分别为 20.9 m 和 10.5 m,表面积为 249.8 km²。湖长 42 km(北西北至南东南),最大宽度为 8.4 km。容积为 $2.88×10^9$ m³。湖盆中的 117 条河溪的支流汇入湖中;18 条源自苍山的溪流流经洱海湖西,汇入洱海湖中(Guo et al,2001)。西洱河是唯一的出湖河流,自洱海湖南端流向湄公河下游。

3　研究方法

为了比较湖滨区-浮游区以及表水层-底水层热环境的时空数据(图1、表1),我们在洱海湖广袤湖域内的 40 处观测点

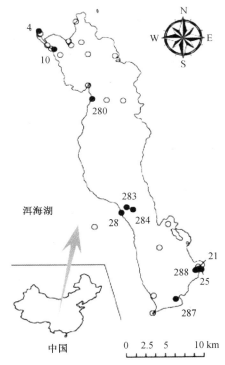

**图 1　洱海湖记录仪所在处的温度
(黑点和黑圈)**

注:成功回收的记录仪标注了观测点序号(黑点)。观测点 280 至 288 位于浮游区,序号为两位数的观测点位于湖滨区。在回收到的记录仪中,仅选取整个观测期内均保持浸没状态的记录仪数据用于数据分析。所选记录仪见表1。

设置了水温记录仪。各观测点利用鱼漂、绳子和混凝土块配重,使用温度记录仪(精准度:±0.47℃;分辨率:25℃时0.1℃;UA-001-64;美国马萨诸塞州Pocasset市Onset)测量以下两种深度的水温:水面下方50 cm处(表水层)和湖底上方50 cm处(底水层)。有两处湖滨观测点因水深过浅无法放置两个记录仪,因此只设了一个记录仪。温度记录仪以20 min为间隔记录了2009年2月28日至6月22日的温度。为了获取互易校准的数据,所有记录仪在安置到观测点之前,都裹上塑料袋放入携带包内,在夜间存放了6 h。我们用观测期内每台记录仪的平均温度和所有记录仪的总平均温度之间的差值(平均温度 = (19.58±0.22)℃),对各温度记录仪记录的温度进行了标准化。在进一步分析时,采用完整记录了24 h的观测日(即3月1日至6月21日)所获的数据。

我们比较了湖滨区(平均深度 = (2.6±1.3) m)和浮游区(平均深度 = (9.0±3.0) m)、表水层和底水层的每小时和每日平均温度及其波动(计为标准偏差)。通过分析一天内的波动规律来研究浮游区表层和底层水温的相对波动。计算浮游区各观测点每隔20 min测量一次的各表水层、底水层温度数据点的平均值及差值。以20 min为单位计算底水层温度等于或高于表水层温度的时间点的频率,再算出日平均值。另外,还记录了浮游区各观测点观察到垂直均质化的天数。使用Wilcoxon-Mann-Whitney检验进行统计分析以确定平均差。使用皮尔逊积矩检验进行相关分析。所有统计检验均为双向的,将 α 值设为0.05使用统计软件包R(统计计算R基础,2.7.0版)进行了显著性检验。

表1 日平均气温(TAV;℃)及其波动

观测点序号		湖滨区					浮游区				
		4	10	21	25	28	280	283	284	287	288
水深/m		1.7	2.3	4.0	4.0	1.1	5.0	10.1	9.4	13.0	7.5
表层	T_{AV}	18.4	18.6	17.7	17.6	17.7	18.1	17.3	17.7	17.0	17.1
	T_{SD}	1.2	0.9	0.6	0.4	0.9	0.5	0.5	0.5	0.4	0.6
底层	T_{AV}	17.3	18.1	17.4	16.7	17.3	17.6	16.6	16.7	16.6	16.9
	T_{SD}	0.4	0.6	0.3	0.2	0.7	0.2	0.1	0.1	0.2	0.2

注:按2009年3月1日至6月21日整个观测期内的标准偏差(TSD;℃)算出。表中显示的数据为成功回收记录仪的观测点所得。

4 结果

6月22日回收了记录仪,但是丢失了26处观测点的记录仪。我们推测大部分丢失的记录仪是被进行捕鱼作业的渔网拖走的,尽管渔业活动在一年中的这一时段通常处于最低峰。还有几处湖滨区观测点的记录仪在观测期间因湖水平面下降而露出了水面。我们在进一步分析中,排除了这些露出水面的或是丢失的记录仪采集的数据。因此,最终使用了采集自10处表水层观测点和10处底水层观测点的温度数据进行了分析。

在整个观测期,洱海湖的水温持续上升(图2、表1)。每小时的平均温度和每小时的温度波动显示水温日波动的规律为主要于日间升高。日间11:00—16:00 湖滨区表层水的每小时平均水温高于底层水(各次 Wilcoxon W(W)=24,24,

24,24,24,23;一直保持 $P<0.05$;图3(a)),11:00—18:00 浮游区表层水的每小时平均水温高于底层水(各次 $W=23$,24,24,24,24,23,23,23;一直保持 $P<0.05$;图3(b))。湖滨区和浮游区表层水的每小时温度波动在日出后迅速升高(图3(c)和3(d)),整个湖滨区 8:00—18:00的表层水每小时温度波动在日间大部分时段都维持着高于底层的数值(各次 $W=24$,25,25,25,24,23,24,24,24,24,24;一直保持 $P<0.05$)。浮游区的表层水甚至可以保持较高的每小时温度波动值直至午夜:从 8:00—23:00,22:00 除外(各次 $W=25$,25,25,25,25,25,25,25,25,25,25,25,24,23,23;一直保持 $P<0.05$)。所有表水层、底水层观测点的日均温度和每日温度波动都与水深成反比,如图4所示。

在浮游区观测点,以 20 min 的时间分辨率为基础显示出的夜间垂直差异为零或负值;也就是说,表层水温一定低于底层水温(图5)。零或负值的频率在 18:00后逐渐增加,在次日早上 6:00 左右达到峰值,然后迅速降低(图5)。在我们共计113个观测日的研究期间内,浮游区各观测点观测到的垂直均质化平均值为99d(范围为92~113d)。

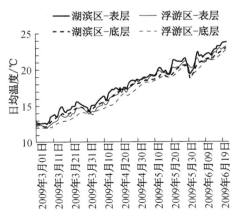

图2 观测期内的日均温度

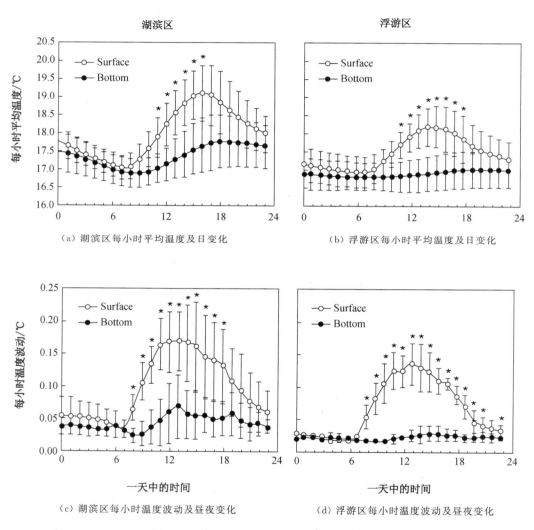

图 3　湖滨区及浮游区的各种温度变化情况

注：横杠表示标准偏差。星号表示表水层与底水层之间存在显著差异。

146

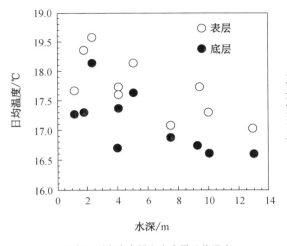

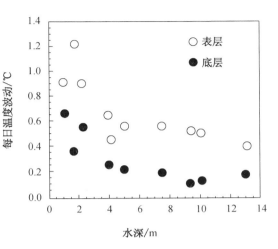

(a) 各观测点表水层和底水层日均温度
平均值与水深的对照图

注:日均温度:$t=-2.91$,-2.81;
$\mathrm{d}f=8$,8;$P=0.020$,0.023;
$r=-0.717$,-0.704
分别对应表水层和底水层。

(b) 各观测点表水层和底水层每日温度波动
平均值与水深的对照图,标为 SD

注:每日温度波动:$t=-3.17$,-3.460
$\mathrm{d}f=8$,8;$P=0.013$,0.009;
$r=-0.746$,-0.774
分别对应表水层和底水层。

图 4 各观测点表水层和底水层温度与水深对照图

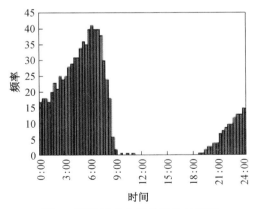

图 5 浮游区垂直温差消失的频率

注:浮游区垂直温差消失的频率即表水层温度减去底水层温度等于零或负值。整个观
测期内各时间段(每隔 20 min)的数值均以整数表示。

5　讨论

　　表水层和底水层的每小时平均温度显示出了昼夜波动（图3(a)和图3(b)）。观测发现日间表水层和底水层之间存在显著差异；湖滨区和浮游区的表水层温度较高，这表明湖滨区和浮游区的热分层都是在日间形成的。水体的垂直混合出现在夜间。湖滨区的昼夜温度波动略大于浮游区，且湖滨区的日间峰值温度更高（图3(a)和图3(b)）。相比之下，湖滨区和浮游区的夜间温度并未观测出明显差异。湖滨区和浮游区之间的时间性温度状况差异似乎是因两者水量不同导致升温和冷却相异（Monismith et al，1990）而造成的。也就是说，湖滨区因水量较少更易发生较为显著的升温和冷却。湖滨区和浮游区夜间温度的均质化表明水体很可能发生了水平混合。湖滨区往往比浮游区稍暖一些；这种温差促进了水平交换，特别是在无风条件下。表水层-底水层和湖滨区-浮游区之间每天的水流运动可能使养分及各种污染物，特别是那些来自湖底的悬浮沉积物的输送成为可能（MacIntyre、Melack，1995）。这种水文特征可能会加剧洱海湖的富营养化并导致藻类过度繁殖。

　　我们频繁观测到夜间水温的垂直均质化或逆温现象（图5），表明洱海湖是一个暖多循环湖，这与从纬度和深度角度进行的分类（Lewis，1983）一致。Lewis(1983)提出了两类暖多循环湖：连续暖多循环和不连续暖多循环。前者是指每天都发生水体混合现象的湖泊，后者则指混合分层期只持续几天或几周而非整季的湖泊。洱海湖似乎介于这两类之间，因为，其浮游区观测点的垂直温度均质化频率没有完全展现出完美的水体混合日循环。Escobar等(2009)报告了美国佛罗里达州位于北纬27°35′—29°50′间4个湖泊的全年热状况，这些湖泊于春季开始出现垂直热分层现象，到了秋季便逐渐减弱；然而地处相似纬度的洱海湖在我们从春季持续至夏初的观测期内，没有显示出任何持续热分层的迹象。除了佛罗里达州常被作为观测对象的最大深度小于5 m的浅湖之外，低纬度地区的湖泊很可能在温暖期出现稳定的热分层现象，这是因为太阳辐射提供了更多的热能。然而，洱海湖似乎是地处低纬度高海拔地区的多循环湖。因此，根据Lewis的纬度-海拔高度校正（Lewis，1983）来看，洱海湖的热状况可能与更高纬度（约32°N）地区的湖泊相似。我们在观测期内常在洱海湖东南部观测到升高的水体浊度（当地研究员，私人通信），这表明洱海湖受西北风控制。这一观测结果意味着风距可能大于10 km且促进了洱海湖的水循环。高海拔和长风距的结合，可能使洱海湖的水体混合相较于其他同等低纬度湖泊更为显著。

在洱海湖中,相较于水深较浅处的观测点,较深处观测点的热状况在时间范畴上更为稳定(图4(b))。水温的时间性波动大为影响代谢条件和鱼类的生长。就鲤鱼($Cyprinus\ carpio$;林奈氏(Linnaeus)分类法,1758)而言,水温每波动1℃/d,鲤鱼消耗的能量就相当于标准代谢所需能量的29%(Becker et al,1992)。这种能量需求是鱼类对环境温度变化做出的反应,触发了促进适应新水温的生理过程。另外,3℃以上的细微温度变化可能会成为一种应激物,诱发鲤鱼分泌皮质醇(Takahara et al,2011)。在长期的持续性压力或是高水压之下,鱼类可能会经历免疫系统功能不全。因此,水温在时间上的稳定性对鱼类具有显著的生理性和生物性影响(Elliott,1981);但是,在日均温度方面,较浅处观测点比较深处观测点更暖和(图4(a))。大部分鲤科鱼类属于释放型产卵的鱼类,常在植物上或植物间或是岩石、砂砾上产卵(Balon,1975),这表明其依赖于湖滨栖息地。这些鱼类可能更喜欢温暖的水温,因为在较高温度下鱼卵的发育速度和幼鱼的生长速度更快,前提是这些温度处于一定的范围内(Mills,1991)。洱海湖中本土鱼类的产卵期限于3—7月,说明产卵具有季节特定性并与热环境相关(即水温升高时产卵)。另外,湖

滨区的高水温可能也带来了浮游动物的高产,这使得幼鱼的食物来源得以保证。然而,洱海湖中湖滨区的水温并不稳定;湖滨区虽水温较高,但较浮游区而言,一天中的波动幅度也大得多(图4)。因此鱼类可能面临着能量冲突,并选择在较为温暖但不太稳定的湖滨区产卵。

对水生生物来说,除了水温最重要的环境因素便是溶氧度。在形成了季节性温跃层并持续较长时间的湖泊中,栖息于下层滞水带的鱼类可能会缺氧。本研究虽未计测洱海湖的溶氧度,但是几乎每天都发生于洱海湖的频繁的水体垂直混合,似乎提供了来自表水层的溶氧,从而减少了缺氧问题的发生。尽管溶氧度可能受到注入湖泊的河流进水(Botelho、Imberger,2007)或是强化热分层的水生植物群(Herb、Stefan,2005)的影响,本研究并未收集到足以分析这些影响的数据,所以有待进一步研究。

洱海湖为当地的人们提供了多种资源,包括饮用水、水产和旅游资源。所有这些资源都依赖于良好的水环境。因此,影响洱海湖理化和生物现象的热环境基础信息是进一步增强并保护这些资源所不可或缺的。所有野生动物的生理功能、行为和生活史都与其周遭环境相关。洱海湖供养着多种当地特有物种。因此,必须保护当地这种具有高度异质性的环境

以确保本土动植物的繁衍生息。特定的异温条件对当地特有种群和鱼类群落起着支配性作用,因为温度影响觅食能力(Persson,1986;Bergman,1987)、游速(Wardle,1980)和种间竞争(Taniguchi et al,1998)。为了保证环保活动有效,必须量化地区和局部的环境过程。因此,本研究旨在确定洱海湖的热环境。热力强迫作用的日循环所导致的湖水温度时空性差异对水流有着深远的影响(Lei、Patterson,2006);因此,我们需要养分动态和初级产物的相关信息来阐释这些温差。洱海湖的热环境受到全球变暖和其他人类活动的影响。在较短时间范围内,湖岸线的变动可能会通过降低水深的平缓梯度变化而使湖泊热环境均质化,这种梯度变化沿湖岸线向着湖心方向升高(Yamanaka et al,2010)。洱海湖无论是在化学方面还是物理方面均遭受快速加剧的人为干预,因此需要对洱海湖的水温进行更为精细且长期的监控,以保护并管理其水生生态系统和水质。

致谢

衷心感谢大理环境保护局和中国洱海湖泊研究中心的成员们为我们的实地观测提供的帮助。感谢上海交通大学的学生们给予我们的帮助。同时对日本综合地球环境学研究所(RIHN)环境疾病项目组(C-06研究项目)成员们为我们提供的诸多帮助和研讨表示感谢。感谢匿名审稿人细致审阅本文的初稿并提出有益的修改意见。本研究得到了RIHN C-06项目的支持。山中裕树、源利文、川端善一郎均为日本京都大学生态研究中心的科研人员。

参考文献

BALON E K. 1975. Reproductive guilds of fishes: a proposal and definition[J]. J Fish Res Board Can. 32:821-864.

BECKER K, MEYER-BURGDORFF K, FOCKEN U. 1992. Temperature induced metabolic costs in carp, Cyprinus carpio L., during warm and cold acclimatization[J]. J Appl Ichthyol. 8:10-20.

BERGMAN E. 1987. Temperature-dependent differences in foraging ability of two percids, Perca fluviatilis and Gymnocephalus cernuus [J]. Environ Biol Fishes. 19:45-53.

BOTELHO D A, IMBERGER J. 2007. Dissolved oxygen response to wind-inflow interactions in a stratified reservoir [J]. Limnol Oceanogr. 52:2027-2052.

BOURQUE C P A, POMEROY J H. 2001. Effects of forest harvesting on summer stream temperatures in New Brunswick, Canada: an inter-catchment, multiple-year comparison[J]. Hydrol Earth Syst Sci. 5:599-614.

CHU X L, ZHOU W. 1989. Fishes of Erhai

[M]//In: Dali Erhai Administration, editor. Science and Technology Commission of Dali, Collected scientific works on Erhai Lake in Yunnan. Kunming (China): The Ethic Publishing House of Yunnan: 1-30.

ELLIOTT J M. 1981. Some aspects of thermal stress on freshwater teleosts[M]// In: PICKERING A D, editor. Stress and Fish. New York (NY): Academic Press: 77-102.

ESCOBAR J, BUCK D G, BRENNER M, et al. 2009. Thermal stratification, mixing, and heat budgets of Florida lakes[J]. Fund Appl Limnol. 174:283-293.

GUO H C, LIU L, HUANG G H, et al. 2001. A system dynamics approach for regional environmental planning and management: a study for the Lake Erhai Basin[J]. J Environ Manag. 61:93-111.

HERB W R, STEFAN H G. 2005. Dynamics of vertical mixing in a shallow lake with submergedmacrophytes[J]. Water Resour Res. 41:W02023.

JIN X. 2003. Analysis of eutrophication state and trend for lakes in China[J]. J Limnol. 62: 60-66.

KALFF J. 2002. Limnology. Upper Saddle River (NJ)[M]. Prentice Hall.

LEI C, PATTERSON J C. 2006. Natural convection induced by diurnal heating and cooling in a reservoir with slowly varying topography [J]. JSME Int J Ser B. 49:605-615.

LEWIS W M Jr. 1983. A revised classification of lakes based on mixing[J]. Can J Fish Aquat Sci. 40:1779-1787.

MACLNTYRE S, MELACK J M. 1995. Vertical and horizontal transport in lakes: Linking littoral, benthic, and pelagic habitats[J]. J N Am Benthol Soc. 14:599-615.

MILLS C A. 1991. Reproduction and life history [M]// In: Winfield IJ, Nelson JS, editors. Cyprinid fishes: systematics, biology and exploitation. London (UK): Chapman & Hall: 483-508.

MONISMITH S G, IMBERGER J, MORISON M L. 1990. Convective motions in the sidearm of a small reservoir[J]. Limnol Oceanogr. 35: 1676-1702.

PARMESAN C, MATTHEWS J. 2006. Biological impacts of climate change [M]// In: Groom MJ, Meffe GK, Carroll CR, editors. Principles of conservation biology. Sunderland (MA): Sinauer Associates: 333-374.

PERSSON L. 1986. Temperature-induced shift in foraging ability in two fish species, roach (Rutilus rutilus) and perch (Perca fluviatilis): implications for coexistence between poikilotherms[J]. J Anim Ecol. 55:829-839.

STEFAN H G, FANG X, HONDZO M. 1998. Simulated climate change effects on year-round water temperatures in temperate zone lakes [J]. Clim Change. 40:547-576.

SUGIMOTO S, NAKAMURA F, ITO A. 1997. Heat budget and statistical analysis of the relationship between stream temperature and riparian forest in the Toikanbetsu River Basin, northern Japan[J]. J For Res. 2: 103-107.

TAKAHARA T, YAMANAKA H, SUZUKI A A, et al. 2011. Stress response to daily temperature fluctuation in common carp, Cyprinus carpio L[J]. Hydrobiol. 675:65-73.

TANIGUCHI Y, RAHEL F J, NOVINGER D C, et al. 1998. Temperature mediation of competitive interactions among three fish species that replace each other along longitudinal stream gradients[J]. Can J Fish Aquat Sci. 55:1894-1901.

WARDLE C S. 1980. Effects of temperature on the maximum swimming speed of fishes[M]// In: Ali MA, editor. Environmental Physiology of Fishes. New York (NY): Plenum Publishing: 519-531.

WETZEL R G. 2001. Limnology: lake and river ecosystems[M]. San Diego (CA): Academic Press.

YAMANAKA H, KOHMATSU Y, MINAMOTO T, et al. 2010. Spatial variation and temporal stability of littoral water temperature relative to lakeshore morphometry: environmental analysis from the view of fish thermal ecology[J]. Limnology. 11:71-76.

ZHENG B, ZHANG Y, ZAN R. 2001. A primary detection of close genetic similarity of 4 cyprinus species in Erhai Lake[J]. Hereditas (Beijing). 23:543-546.

ZHENG B, ZHANG Y, XIAO C, et al. 2004. The genetic evidence for sympatric speciation pattern of Cyprinus from Erhai Lake[J]. Acta Genet Sin. 31:976-982.

生态健康——21 世纪的新健康概念[*]

门司和彦、*Hein Mallee*、
渡边知保、安本晋也

1 前言

"健康"是现代社会衍生的重要概念，与科学、医学、医疗技术和医疗体系的进步，与作为其基础的公共卫生，以及与以此为组成部分的现代国家和国际社会体系的完善一起发展至今。毫无疑问，如今的日本人都知道健康的重要性，健康的价值毋庸置疑。

但稍作思考便会发现，对于健康人们其实无从下手。即便很多人都意识到了健康的重要性，但他们却过着不十分健康的生活。那是因为在疾病风险中存在着此消彼长的关系，要做到疾病死亡零风险是不可能的。说到底，自我们出生起，似乎就已注定要面临死亡，我们最多也只能推迟死亡，趁活着多做点事，把所受的疼痛程度降到最低。从种族的角度来看，虽然人类可能全部会灭绝，但人们只是希望能够延缓那一天的到来。随着日本的营养状况，卫生状况，劳动状况的改善，疾病风险与死亡风险降低了。但是，很多国家仍然面临着巨大的健康风险。这也表明在 20 世纪，想要提升人们的健康状况与卫生状况，比想象中更为困难。

如今，人们的健康观在很大程度上受到了西方生物医学的影响。这种健康观的特征是，将人类个体与自然、社会相分离，从人体的下级组成，也就是脏器、细胞中探索疾病原因，通过还原主义流行病学的方法，探究其单独成因。这种方法固然取得了很大的成效，却并不意味可以高枕无忧。构成健康的要素几乎可以说是无限的，并且要素之间密切相关。生物并不是独立于环境的存在，而是在一个系统之中赖以生存。人类也不是独立的存在，而是作为一个独立存在生存于生态系统、自然环境及社会之中。这样想来，我们才会发现，仅仅从医学和以医学为基础的公共卫生学来讨论健康是多么不全面。既然我们的健康依存于环境和社会，那么就应该从多学科的角度去考虑健康的构成。因此，笔者认为，生态健康这个术语可以

———————————

[*] 原载于［日］門司和彦、安本晋也、渡辺知保《別册·医学のあゆみ—エコヘルス 21 世紀におけるあらたな健康概念》医歯薬出版株式会社，2014,1-16.

明确对于健康的二次定义。

诸如此类的二次定义,在全球化各地区都在以各种各样的形式进行着。Paul Pharma 等指出,社会生物学的观点对二次构筑世界健康形象十分重要(西本太,2014)。对于健康概念的重新定义,密切相关于"对贫困、歧视等一系列健康的社会性决定因素的关注",以及社会流行病学领域的发展。另外,当地区与地球层面的环境问题成为重要的健康决定因素之后,人们认识到地区与地球之间的联系。社会、环境与生态系统对健康的影响是综合的,这也成为,在 20 世纪成人慢性病流行的同时,广泛接受"健康是个人的责任"这一思想的人群的难题,或者说全人类共同的难题了。如今,人们开始思考地球的可持续性,对行星健康越发关心了。

生态健康的特征在于:把全球健康及行星健康放在一起来看,它着眼于地域的生态系统及该地域的社会文化。地域的健康与该地域的社会、生态系统(social ecological system)是密不可分,甚至可以认为是他们的产物。正因如此,为了保持人们的健康状态,提高健康水平,必须构建健全的社会系统与生态系统。

说到底,在近代的健康思想传入之前,无论是哪里的社会,即便不完备,生态健康的原型都是存在的。但是飞速的现代化使得人们将其遗忘,缺失了本来应该

融入现代化过程的生态健康,现代化本身也陷入一种机能不全的状态。若是能灵活运用或复兴每个地域的生态健康的原型,就能更有效、公平地促进健康的改善。这是在尊重地域多样性的基础上,自下而上地推进全球健康与行星健康的构筑。生态健康也与区域再生相关。

就如本文所述,生态健康是一个要有很多学术领域参与才站得住脚的领域。虽然有许多作者从自己的学术领域出发,写下对生态健康持有的观点,但我们仍对生态健康研究在各个领域的发展感受到了无限的可能性。而且,我们认为在还有不少这里没提到的领域上,进行生态健康研究也是可行与必要的。虽然每个人对生态健康的理解存在局限性,但本文希望揭示出生态健康成为一个综合领域的可能。

2　生态健康:健康转型后的健康形态

在近代,属于近代科学一部分的医学与以医学为基础的近代医疗,都在随着社会的发展而发展。客观、科学、普遍的"健康"概念与医学、医疗齐头并进,并取代了近代前的儒教养生。引入了健康概念,使人们通过医学、医疗去预防与治疗疾病,也使增强健康的方法得到认可,得以在社会上被确立。并且,这一方法推动了健康转型与人口转型(注1)。最终在各发达国

家中,让许多人有了赞扬和推崇长寿的资本。但随着健康转型的推进,却使医疗对健康改善的效果逐渐减小,医疗费高涨,导致它的可持续性受到了质疑。发达国家与发展中国家,富裕者与贫穷者之间的健康差距也并未缩小,发达国家模型不适用于发展中国家。另外,全球性的环境破坏甚至到了威胁人类生存的地步。这说明在健康转型后的 21 世纪,重新审视健康观显得尤为重要。把环境、社会与健康作为一体看待的生态健康便是其候选之一。生态健康概念的深入发展对 21 世纪世界观的构筑也有贡献。生态健康的研究特征可以概括为以下 3 点:①重视以医学为中心,并融合其他领域进行广泛综合的研究;②重视每个地域与生态系统的多样性;③包含多样性在内的全世界统一。

注 1　健康转型与人口转型

虽然本文只解释了健康转型,并未说到人口转型,但实际上两者密切相关。

(1)健康转型减小了年轻群体的死亡率,所以总人口增长了。随着存活到生育年龄个体数的增加总人口也进一步增长。因此,健康转型在初期是一定会导致人口增长的。

(2)人口增长与以英国为首的欧洲工业革命以及第二次世界大战后日本的高速发展都是相关的,它增加了社会的财富,促进了现代化的进程。另一方面,也有战争与内战诱使人口增长的可能,这种情况下的人口增长与近代化和发展不一定直接相关。

(3)人口增长导致社会发展后出生率低下现象的发生。虽然并不能说那是人口增长导致的必然结果,但却是被普遍认可的现象。在这一过程中,产业结构的变化、城市化、家庭成员的减少、教育的重视等都会对其造成一定影响。另外,还导致了晚婚化,未婚率上升、少子化加剧。婴幼儿死亡率减小、避孕技术的进步及普及都对此带来巨大影响。其结果,从多产多死(高出生率、高死亡率)的时代转向多产少死的时代,最终变成了少产少死(低出生率、低死亡率)的时代。这就是被称作为人口转型的现象。

(4)健康转型与人口转型引发的现象就是,初期的人口增长与之后的人口老龄化。

(5)在健康转型与人口转型之后,还不明确在人口不减少的情况下能否维持出生率,或是像日本等东亚国家一样,因出生率低下最终导致人口减少。区分它的因素尚不明确。

(6)医疗与医学对健康转型与人口转型产生了巨大的影响。可是它的效果在转型后期,呈现出逐渐减小的趋势。

2.1　近代化与近代医学带来的健康转型

随着社会的发展,医学也在同时发展,在 19—20 世纪,世界人口的寿命大幅延长(Riley,2008)。

以初生儿、婴儿、幼儿为首的年轻群体因流行病而导致的死亡明显减少,从而使得人类寿命得以延长,然而,非流行病也成为中年期以后死亡的主要原因。在 1800—2000 年间,世界人口寿命从 40 岁以下上升至 65 岁以上。这一死亡年龄与死亡原因的变化从狭义上被称为流行病学转型,与之相关的罹患率与健康问题的转变被称作为健康转型。近代的健康转型使寿命得以延长。

健康转型与寿命延长的机制是多样化的,寿命的延长并非仅仅依靠医学的发展。不过,医疗的发展,作为医疗基础的近代医学的疾病形成机制,或者以理解医疗原理为基础的卫生与公共卫生的发展,医疗在社会的延伸对寿命的延长做出了巨大贡献的说法的确不容置疑。

Riley 大致整理出了致使健康转型的6 个领域,分别为:医疗、经济发展、饮食生活与营养、公共卫生的发展、教育、家庭与个人的思考方式及行为的变化。他强调说要实现健康转型,就必须要把所有领域都联系在一起。不过各领域的相对贡献度,改善的顺序与速度在各个地域与国家都是不同的。之所以只做了大致整理,是因为不可能把某个现象只划分进一个范畴里。

例如,从 19 世纪起人们开始广泛使用香皂,这对健康水平的提高与死亡率的降低做出了贡献。从人们富裕到可以买得起香皂这点可以看出与经济的联系,所以也可以说那是与经济相关的。(19 世纪兴起了工业革命,因此原本被视作为奢侈品,只有贵族才用得起的香皂也能通过工厂进行大量生产了。)不仅如此,教育的普

及,注重清洁的个人行为(营造清洁卫生的家庭环境成为了家庭的价值观),以及公共卫生的发展都与此密切相关。在此背景下,医学科学领域的传染病的病原体学的影响力扩大也产生了深刻的影响。香皂的使用能减少下痢的频度,也对营养状态产生了影响。而营养状况的改善又进一步降低了死亡率。

预防接种的普及被误解为纯粹的医学现象,但只是制造出疫苗并不能延长人的寿命。人们需要明白个人健康与公共卫生(阻止传染病的流行)的重要性,充分理解预防接种的意义并采取行动。为此必须具备几个要素,分别为教育、意识形态以及整个社会或个人能够采取行动的经济能力。从该意义上讲预防接种既是医学现象也是社会现象。

除 Riley 的分类法以外,还可以把技术与交通、物流的发展从经济发展中分离出来进行论述,也能把生育力低下作为独立的因素单独提出来论述。也就是说,在社会的近代化过程中,所有的要素都在推进健康转型。换个角度来说,包括健康转型在内的所有要素的转变就是近代化。虽然,有时会为了可操作性,人为地把焦点放在某个领域上,但近代健康转型是无法进行还原性分析的这一点还是正确的。从这一观点出发,我们就能发现仅仅靠医学、医疗及以之为基础的公共卫生措施去

实现健康转型是错误的。

2.2 发展中国家健康转型的延迟

在中南美与亚洲的发展中国家中,人们的健康状况被认为得到了巨大改善。很多国家都在健康转型的过程中。2000年前后,他们从国际上获得了大量资金,为达成千年发展目标(MDGs)在努力。

不过,在撒哈拉大沙漠以南的非洲地区,与发达国家间的差距并未充分缩小。那是因为,他们以外部的医疗援助与医学性质的公共卫生措施为中心的健康改善模式,以及经济发展、教育、家庭与个人的价值观及行动的变化、营养改善的发展等方面存在不均衡性。能成功完成改善的国家、政府组织与管理体系一般都很稳固,他们的社会安定,经济发展良好。虽然在撒哈拉以南的非洲也出现了不少这种趋势,但是由于政治与社会的不安定,以致前途未卜。

MDGs 中的消除贫困、教育,性别差距、环境、国际合作与所谓的 3 大健康目标(母子保健、婴幼儿保健、传染病对策)是密切相关的。不过他们都是针对个别问题地去做达成目标的尝试,目标之间的协作相对较弱。与健康关联的 3 个领域也是如此,人们没有意识到 MDGs 的所有目标都是与健康相关联的,因此几乎没有在此认识之下实施的协同作业。

最终,在只是条块分割还没构建出综合性的方法论之前,就迎来了计划达成目标的 2015 年。

2.3 近代化与近代医学的极限

如上所说,尽管发展中国家与发达国家存在差距,但近代医学与其他近代因素的相互作用还是推动了健康转型,延长了人均寿命。今后,只要环境因素与社会因素不发生巨大变化,它就能一直对寿命的延长做出贡献。

可是,在发达国家进一步推动健康转型之时,现代医疗的性价比却在逐渐降低。在健康转型初期,由于降低了年轻群体因传染病的死亡率,使得医疗的性价比极其的高。其后,推行了针对结核等慢性传染病的措施,其性价比也是很高的。过了这个阶段,如今中老年人由于成人慢性病与生活习惯病所导致的死亡都在趋向于高龄化。虽然初期也颇具成效,但只是把因成人慢性病所导致的死亡推迟,结果不但没解决问题的根源,反而会导致社会与经济问题,即医疗费变得高昂。与短期流行的传染病不同,如果一辈子都在接受延长寿命的医疗服务,那么医疗支出的费用就会相当不菲。

日本于 1961 年确立了享誉世界的全民保险制度,所有人在任何地方都能享受到世界一流的医疗服务。全民皆保健是

2015 年后的世界焦点，日本的该制度被视作为它的成功案例。但即便在日本，也有着两代人所承受的负担程度不均衡等问题。医疗供给制度与医疗费支付制度的彻底改革已迫在眉睫。可是国民对医疗的依赖性强，需求也在不断增加，长此以往，医疗供给方如果不收取高额的医疗费，那么自身就会难以生存。要在这样的情况下实行彻底的改革并非易事。

由于日本财政充裕，并具备平等的社会价值观与道德观，尽管走在老龄化前沿，也能比其他国家延迟危机的爆发。在非洲虽然也有着一流的医疗，但只有有钱人才能消费。在很多发达国家，医疗供给制度与医疗保险制度分崩离析。因此，通过医疗投资从而进一步推进健康转型的想法，变得越来越没有吸引力了。另外，疫苗接种与抗生素的使用在健康转型初期都颇有成效，但随着卫生状况与营养状况改善、感染风险降低后，效果也不是那么明显了。日本等发达国家到了需要把以前的成功经验清零，重新思考、理解基础医疗与健康的时期了。

另一方面，发展中国家的人想要把 1978 年 Alma-Ata 的初级卫生保健（PHC）宣言的目标，即"健康为人人"作为全民健康（UHC）进行复兴。PHC 是把重点放在供应方的配备上的，而 UHC 则是作为受益方的权利被提案。但如今，受益者需要承受多大的负担还不明确。健康转型的初期或中期，人们还是颇为期待 UHC 在发展中国家的性价比的。不过正如前文所述，考虑到其他的社会与经济发展也不可或缺，而且在推动健康转型后的性价比会逐渐降低，因此仅仅推进 UHC 是不可行的。MDGs 的后继是 2015 年推出的可持续发展（SDGs），虽然 UHC 也是目标之一，但只是模仿发达国家的医疗，完全按照 20 世纪的旧模型设计的，如此的话，以失败告终的危险性较高。说到底，很多发展中国家在变富裕之前，老龄化就已开始产生。因此，必须走与 20 世纪的发达国家模式不同的道路。

虽说 UHC 在发达国家与发展中国家都是必要的、人道的，但恐怕会偏重于医学与医疗。如果在提案时，是把它作为后千年发展目标 MDGs 中全球健康的独立解决策略的话，那它的可持续性就要遭到怀疑了。

2.4 环境恶化的解决方法

在 21 世纪之后，可以预见区域环境与地球环境将会发生剧变。区域环境的变化会对健康产生巨大影响。地球环境变化会使巨大台风等一系列极端的气象袭向区域，威胁到健康与生命。异常气象的频度增加、异常气象与正常气象难以区分，对此人们希望能制定出，可以应对这种环境的健康政策,建设具有强韧性与恢复性的社会。虽说发达国家与发展中国家都出现了这种情况,但因环境变化而受到较大影响的还是发展中国家。

比如说,洪水干旱导致的农作物受害,使发展中国家人民的营养状况直线下降,因传染病流行导致死亡的人数增多。所以有必要在早期就改善其脆弱性,并致力于消除贫困,确立食物与安全水的自给体制,处理排泄物与垃圾,控制地方传染病,做好传染病暴发的准备等。为此,对公共卫生硬件与软件的建设也是不可或缺的。

像发展中国家那样受到的直接影响在发达国家不十分常见。比如说,全球变暖能通过空调的调节来应对。即使疟疾爆发也能通过相应手段预防大规模的感染。海平面上升可以通过护岸工程来应对。可是只要使用空调就会消耗能源,并排出二氧化碳从而导致全球变暖。仅依靠工学上的处理,无法做出全球性的合理应对。进一步说,如果整个地球的平衡状态变得不稳定,就会产生无法预测的、剧烈的环境变化,为应对此状况,就需要花费相当数量的社会、财政费用。很多时候也无法预测到对健康的影响。即便在发达国家,对公共卫生硬件与软件的建设也是不可或缺的。

环境是守护健康的基石,但现代医学、现代医疗的成功却使人们逐渐忽视了环境的重要性。因为,日本把卫生学与公共卫生学仅仅设置为医学专业中的一个课程,所以医学色彩浓重。由于临床与基础医学的课程很多,它的动向与价值观都是不受重视的。虽说卫生学与公共卫生学本来就与医学相关联,但如果缺乏环境学、生态学、社会学、教育学、经济学、政治学、历史学等其他领域的知识,就无法发挥它全部的效力。此外,这个领域极其广阔,并不是靠一到两个课程就能够全部覆盖到的。要是像现在这样一直都把卫生学与公共卫生学纳入医学领域中,那就只能另寻他路了。

2.5　创造更为综合的生态健康

在这样的状况下,很显然只把医学科学、医学与以之为基础的近代医疗作为核心是不充分的,需要针对公共健康进行更为综合的研究。为此,对近代医学使用至今的"健康"这一概念,必须进行全新的更换。这时,基于生态学健康观的"生态健康"这一概念便出现了。

所谓的生态健康是指一种从生态学、环境学角度去看待健康的视点。其观点为"人类的健康,离不开确保人类得以生存的生态学条件"(铃木继美,1982)。日本的铃木庄亮于 1979 年,在世界率先进行了提倡(铃木庄亮,1979)。这一见解的原型在医学进步以前便已存在,并被很多社会留存至今(门司和彦、西本太,2010)。从1990年起国外便已开始倡导,针对生态系统变化对健康产生的影响进行跨领域的研究。由于重视参与性与公正性,且有别于独立的环境科学和健康科学,因此被视作为一个全新的研究领域。生态健康以集团长期的健康为对象,把环境、社会、人的职业、生活与健康视为一体进行研究。因此,重视与其他研究领域进行广泛的综合性研究,重视每个地域与生态系统的健康多样性,也就是不局限于所有人类都相通的"普遍健康",而是要去弄清在个别的生态系统中,具有固有生存方式的,一个集团的"健康的个性"。

健康专家与其他科学家站在这个立场,就不应该是去教授当地人关于环境与健康的知识,而是应该向他们求教学习。"社会与科学"从而在这里诞生,所谓的跨学科(transdisciplinary)研究也必然会成为一种需求。

这项研究,与迄今为止通过医学去对普遍健康进行定义的视角大为不同。比如,不是要把世界卫生组织(WHO)在日内瓦确定的"科学的方法"一律地普及到世界的每个角落。当然普遍来说,尽管指导方针非常值得参考,但考虑到那个地区的生态系统与健康的关系,觉得还更应该密切关注生活在那里的人们的生活与社会构造,与其希望他们通过外部力量,不如希望通过内部力量去构筑环境与健康的关系。3·11东日本地震之后,要问科学可行的方法是什么,那么生态健康正是对它的回答。

2.6 生态健康的研究方法

事实上,如果将生态健康认定为一个研究领域,这个领域具体的研究方法实际上尚未充分确立。对健康领域的研究,除医学、公共卫生学、流行病学以外,还需尽可能邀请生态学、气象学、地理学、农学、森林学、社会人类学、人口学、教育学、历史学及地域研究领域的学者参与。但这一进程目前尚停留在课题讨论阶段。

譬如在老挝,为防治泰国肝吸虫(又名香猫肝吸虫),政府在学校开展了便检和健康教育。但教师们认为这是医学研究,是与自身专业无关的领域,自己无法参与。其实作为教师,通过向学生说明肝吸虫的生命周期、肝吸虫与环境的关系,能够和学生一起想出如何减少儿童及家庭男性成员在野外排便的频率,以及不吃生鱼的方法。这都是教师能传达给学生的医学常识。对泰国肝吸虫的防治是"儿童·社区环境·健康"问题的内容之一。在展示便检结果的同时,通过向学生展示野外排便方式和吃生鱼的频率,可以使教师和学生一起参与泰国肝吸虫的防治。

随着现代灌溉设施的完备，即使是在旱季，有水的水田、水渠、贮水池数量增加了，随之作为泰国肝吸虫第一宿主的豆螺数量也在增加。通过向民众展示这些结果，民众也开始了解到防治的重要性。在进行这样的数据展示时，生态学、农学、地理学、地域研究的学者们的帮助是必不可少的。因无法和当地居民使用英语交流，所以能够流畅使用当地语言的地域研究、人类学学者也是必要条件之一。一方面，政府需要采用最新的方法，检测出环境中的寄生虫以及第一、第二宿主的 DNA。另一方面，如何用简单的语言向当地居民传达信息也成为一门必修课。这样的研究虽未得到现代医学的重视，但正因为这自下而上的努力，民众才慢慢加深了对健康转型和生态健康的理解。从这样的事例中不难发现，让当地居民参与到研究活动的反馈中，就能针对以当地居民为主体的环境和健康问题提出解决方法。

老挝政府出版了相关的教科书，作为护士培训学校和师范学校正规课程的教材。此教材在保健和教育上都秉持着共通的知识和教学目的，促进了生态健康教育的发展。像这样将健康的定义从"医学、医疗"层面进一步扩大，对发展中国家的健康转型推动、健康转型后的可持续的环境及健康的构建都有促进作用。

2.7 对包容生态健康多样性的全球生态健康的展望

如前文所述，所谓的生态健康研究，就是在把握地域环境、生态特点的基础上，进一步把握地区健康，并思考环境和健康的理想状态的研究。但是，在调查生态健康个别性的基础上探讨生态健康的多样性具有怎样的意义呢？此外，这些与地球层面的视点又存在怎样的联系呢？包容生态健康多样性的全球统一的生态健康是否有可能实现呢？

这些问题尚无明确的答案。虽然对全球健康呼吁已久，但是这既非国家保健，也非国际保健，除了提出了有必要考虑人类健康的无国界之外，全球健康并没有产出新的东西。如果说有的话，也只是关于对此领域大量资金投入、全球环境问题、全球健康问题三者间关系的抽象议论。对经济、文化全球化的批判不绝于耳，与之相比较对全球健康的批判却少之又少。这样对吗？健康全球化是必要的吗？

现今，全球各区域的健康水平之间存有差距。考虑到这些差距，致力于构筑让所有人都能健康生活的自然环境和社会环境的想法在情理之中。但这并不是依据常规医学对健康进行"平均化"处理的全球化。因此，人类有必要对健康全球化所追求的目标本身进行重新审视。

不同的人生活在不同的环境与生态系统中，因此，不同的地域所追求的生态健康蓝图也就不尽相同。我们应该追求的，是在认同"丰富的健康多样性"基础上的人人生态健康。

人类社会跨入 21 世纪已有整整 17 年，但当代人只是彷徨着，还未形成属于 21 世纪的世界观和人生观。一直持续到 20 世纪末的"健康"观念逐步被"生态健康"观念取代。通过详细研究"生态健康"的内涵，我们能获得一些启发，一些关于"在不同的环境中人类的新型存在方式"的启发。我们大胆猜测大概在"Eco-health"的日语翻译确立时，这个过程就应该已经完成了吧。

3 生态健康的世界动向

作为研究和社会实践领域的一部分，生态健康概念出现于 20 世纪 90 年代，并于 21 世纪初期的 10 年间迅速发展成熟。2004 年，《生态健康》期刊出版。2006 年，生态健康国际学会（International Association for Ecology and Health，IAEH）创立，每两年举行一次生态健康国际会议。与其说生态健康属于科学领域，不如说它是一种"研究活动"。生态健康这个概念并不是一个统一体，它以多样性为根本特征，且不断变化，朝气蓬勃。本节将围绕《生态健康》期刊，对生态健康研究活动的

多样性及历史变迁作简单介绍。

3.1 生态健康的三大流派

《生态健康》期刊第一卷第一期的编辑社论中谈到，生态健康是"位于生态学和健康切点的研究及解决方法"，与其说它是理论和方法论的统一框架，不如说它是聚集了各种拥有不同背景和兴趣的学者的"集会（gathering place）"（Wilcox et al，2004）。概论中还写道，生态健康分为：生态系统健康（Ecosystem Health）、保护医学（Conservation Medicine）、地球环境变化与人类健康（Global Change and Human Health）三个研究领域（Wilcox et al，2004）。这三个流派也表现在了期刊封面的标题"Conservation Medicine，Human Health，Ecosystem Sustainability"中。

1. 生态系统健康

生态系统的各种急速恶化引起了"生态系统健康"研究项目的注意。作为防止生态系统进一步恶化的手段之一，"生态系统健康"研究项目对"生态系统健康（健全性）"（Rapport et al，1998）进行了重点考虑。这个框架是从"作为患者的生态系统"（ecosystem as patient）这个隐喻出发建立的。这样的隐喻曾频繁遭受"生态系统并不是有机体"这样的批判。但是，生态系统健康派的学者认为，虽然生态系统

和有机体之间存在差别,但是如此隐喻能带来两大好处。这两大好处即:①在向大众传达"生态系统不断恶化、无法正常运转"的信息时,能够表明这一问题的严重性;②生态系统健康派的学者扩大了隐喻的内容,提到了健全的生态系统和人类健康之间的关联性。他们主张,通过这样的方式可以监控生态系统的恶化,以达到"治疗"和"预防"的目的。

生态系统的健康水平可以被客观评价,但我们只能依赖个人以及社会的价值观、依据具体事例对"健康"做出定义。此处体现了生态系统健康对位于生态系统中的人类社会的价值。也就是说,生态系统健康派在关注人类健康的同时,也致力于对生态系统恶化程度的测量、评估和预防。

在对《生态健康》第一期的评论中,Wilcox等人针对生态系统健康的重要性做出了以下论述——"生态系统健康是一个十分广义的概念,它涉及地球的存亡、人类的幸福等诸多方面。它也能清楚地表达出我们共同的关心"。但是,生态系统健康派之外的学者也常常会使用"生态系统健康"一词,可见这个词不一定指向同样的研究。

2. 保护医学

保护医学是 20 世纪 90 年代出现的横跨多个学科的研究领域。它从集中于家禽和宠物治疗的兽医学扩大至野生动物领域,并新增了生态学最新的发展成果。保护医学派强调生物多样性,特别是对野生动物的保护。他们致力于设计出"能平衡人和动物(特别是野生动物)以及生态系统之间的健康关系"、"能保护野生动物的健康和生物多样性"的措施和项目。在现在的地球上,几乎所有的生态系统都受到了人类活动的影响,传染病的传播途径并非是单向的。人们已经认识到由野生动物带来的传染病的危险,如野生动物传染给家禽(例:禽流感)、野生动物传染给人类(例:HIV)。其实反方向的传染也有可能引起野生动物的灭绝。人不仅能直接成为其他物种的感染源,通过产业型动物的运输和宠物的贩卖带来的远距离移动,人类也促进了病原体的远距离移动。由经济开发带来的生存地的改变,增加了人、家禽和野生动物的接触机会,使得病原体的传播更为便利。在这样的背景下,保护医学将研究的焦点放到了人、动物和病原体之间如何动态相互作用的问题上。

通过生态系统健康派和保护医学派之间的比较,不难发现两者间存在两点区别。首先,保护医学派没有像生态系统健康派一样对"健康"采取隐喻的手法,而是使用了和本意接近的"没有生病"一词。其次,保护医学派强调了各物种健康之间的联系,将某种野生物种的健康状态视为全生态系统的问题进行考虑。最近生态学的进步也表明,物种的灭绝和生物多样性的丧失会带来生态系统全体机能的丧失。因此,保护医学派主张为保护野生动物,必须研究病原体的复杂的活动。

3. 地球环境变化和人类健康

生态健康的第三个流派是,以"伴随人类经济活动的扩大和全球化产生的空前的地球环境变化对人类健康愈发产生影响"作为出发点的流派。20 世纪 90 年代,伴随着经济开发,出现了工业化和都市化,各种各样的环境变化也彻底改变了生态系统和整个地球系统。这一系列互相作用的变化将人类健康置于威胁之中(Aron et al,2001;Martens et al,2011)。伴随着质疑全球变暖问题看法的减少,"全球变暖成为各种健康问题的原因"也越来越明确(McMichael,2013)。全球变暖会直接对人类健康产生一定影响。譬如,愈加频繁发生的高温和暴风雨等自然灾害使死亡人数增加。此外,还存在中长期的间接影响。譬如,随着生存地的变暖,疟疾和登革热的传播媒介——蚊子、血吸虫的媒介——螺类数量也会增加。除了全球变暖问题,还存在其他影响人类健康的地球环境变化。生物燃料的种植导致食物价格上涨,这给贫困人群的营养状态带来了影响。交通的加速和规模的

扩大使得传染病能在全世界快速传播。在生态健康三大流派中,"地球环境变化和健康"派常常吸引全世界人民的关注。它可以说是致力于考虑全球层面问题的公共卫生的方法。

3.2 生态系统中的人类健康

除了上述生态健康的三大流派之外,在由国际开发研究所(IDRC)* 开创的 Ecosystems Approaches to Human Health(EAHH)法基础上创立的"生态健康研究支援项目"也对生态健康产生了显著的影响。这个项目始于 20 世纪 90 年代末,由加拿大国际援助机构 IDRC 创立。IDRC 一直以来都致力于对发展中国家研发型人才的培养。这种方式以公共卫生作为起点,主张健康社会和环境决定因素之间存在复杂的、动态的相互作用,主张我们应该从生态系统的角度出发,考虑人类的健康问题。也就是说,EAHH 的第一个特点是——将健康环境、社会因素决定论、生态学以及系统科学紧密结合(Waltner,2008)。

EAHH 的第二个特点是跨学科(transdisciplinarity)的研究理念(Wilcox,2004)。跨学科与只研究某一科学领域内的多方面/多学科研究(multi-disciplinari-

---

* www.idrc.ca

ty / inter-disciplinarity)有本质不同。对它的定义至今尚未统一。它的两个特点如下：①不仅仅是科学课题，还致力于解决现实世界发生的问题；②能灵活地接受除了科学知识以外的不同种类的见解，横跨于不同研究的知识系统。IDRC等机构发起的研究并不仅仅只是分析和理解现实世界的具体问题，它们的存在是为了解决问题。因此，EAHH在进行学术调查和分析的同时，也会根据研究结果与有关的第三方合作解决问题。尤其在其鼎盛的20世纪80年代和90年代，EAHH会采用当地居民参加的研究方法来完成一些项目，这些项目多以社区为基础。

EAHH生态健康研究派活跃在世界范围内，研究过许多课题。它最初是从南美开始，一步步成熟、发展壮大，最终达到了和社会运动接近的规模。EAHH曾针对"从矿山流失的水银和锰钢、集约型农业中的农药等化学污染如何影响人类的健康"这一课题，在南美进行了大型研究。此外，EAHH还对南美特有的"查加斯病"（借由锥蝽亚科的吸血锥鼻虫进行传播的寄生虫疾病）和登革热进行过大量的研究。美国的EAHH则针对"农业、疟疾和艾滋病三者间的关系""水媒介疾病和公共卫生""全球变暖和人类健康"等课题展开过研究。亚洲方面，真正开始IDRC生态健康研究是在2005年。

刚开始多是研究禽流感、登革热等传染病。近年来，还出现了"集约型农业·提倡健康"（Rapport，1998）这样的课题，针对"农业、集约型畜牧业带来的污染"，以及"多发于橡胶园的节肢动物媒介疾病"进行研究。亚洲的EAHH研究正开始走向新的方向。

2012年，一本记载了EAHH生态健康研究（以IDRC为中心）历史和经验的书正式出版（Charron，2012）。EAHH在这本书中强调了以下6个原则：①系统思考（system thinking）；②跨领域研究；③第三方的参与；④可持续；⑤性别平等、社会公正；⑥社会实践和政策影响（knowledge to action）。

3.3　同一健康带来的挑战

进入21世纪后，人类对新兴传染病的认识发生了根本变化。1997年，在马来西亚首次出现了尼帕病。之后，东南亚、东亚也随之出现了各种新的传染疾病，并快速向各个国家蔓延。2002年爆发的SARS共导致800多个死亡病例。因为现代交通的发展，不仅仅是发展中国家，SARS很快给加拿大等发达国家也带去了影响。当全世界还处在SARS的阴云笼罩中时，2004年，H5N1亚型禽流感被确认，成为全球健康新的威胁。面对接连不断出现的传染病危机，必须采取应对的策略。同一健康运动就是在此时发展扩大起来的。

在19世纪,医学和动物医学作为完全不同的领域发展起来。负责这两个领域的行政机构也不同。但是在20世纪80年代,出现了一个新词——One Medicine.这标志着当时人们开始将人类和动物的健康看作一体(Zinsstag,2010)。进入21世纪后,这个词进一步发展成为范围更广的"同一健康"。一开始,"同一健康"是一个为促进有效的传染病防治,主张在医疗、研究、行政领域进一步加强医学和动物医学合作的运动。主要关注点在人畜共通传染病上。这次运动的核心成员是动物医学及公共卫生学领域出身的学者。借着SARS和禽流感的"风头","同一健康"聚集了大量的研究资金和研究人员,发展势头迅猛。在国际社会上,世界卫生组织、联合国粮农组织和世界动物卫生组织都曾公开表明要与之加强合作关系,并在众多国家建立了监管医学和动物医学的行政委员会。

"同一健康"运动的快速发展对"生态健康"形成了巨大的挑战。两者在研究内容和成员构成上有很多相似点。某种程度上,"同一健康"可以看作是"生态健康"的一部分,因为"同一健康"的研究重点是人畜传染病。2011年2月在墨尔本召开了第一届国际同一健康会议。在这次会议上,提出了关于生态健康学会和竞争对手同一健康学会一起创立"同一健康"的期刊的设想,这在与会者中引起了广泛讨论。同样,这一设想也成为了生态健康学会上的讨论话题。国际生态健康学会表示"这位新朋友、新邻居的到来,对重视多样性的'生态健康'的健全发展有益"(Parkes,2011)。最终,通过两个学会代表间的协商和让步,生态健康最终接受了同一健康的融入(Zinnstag,2012)。为了展示这一新气象,《生态健康》期刊将一直以来使用的封面标语改成了"One Health""Ecology and Health""Public Health"。

3.4 从《生态健康》期刊的动向看生态健康研究

以上所说的生态健康研究的构筑和发展是如何体现在《生态健康》中的呢?下面就来简单分析一下。

图1展示了2004—2013年度《生态健康》上登载的论文中出现次数达10次以上的关键词。要使用这些关键词分析结果,对生态健康的各个学派进行分析几乎是不可能的。但是,这个分析中有两点十分引人瞩目。第一,"生态系统的健康"一词处于首位。10年间,这个关键词出现了34次,其中20次集中出现于2004年。就像之前所说,所有学派都可以使用"生

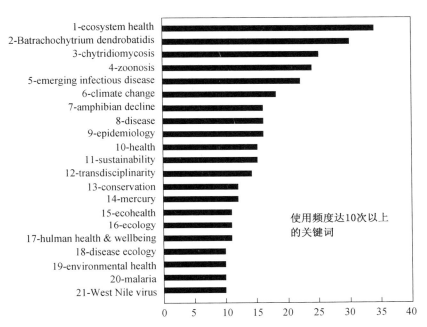

图 1　生态健康相关论文中出现的关键词(前 21 位,2004—2013 年度)

态系统的健康"一词,不过这个关键词的时间分布还是能说明生态健康派的影响正在逐步减弱。第二,排在第 2、3、7 位的关键词(Batrachochytrium dendrobatidis/壶菌病、chytridiomycosis/壶菌门、am-phibiandecline/两栖动物减少)都是与壶菌病相关的词。壶菌病正在全世界范围内蔓延,导致了多种稀有两栖动物的灭绝。壶菌病是新型传染病之一,但是不会传染给人类。主要是保护医学派的人较为关注。与壶菌病相关的关键词数量之多,正反映了《生态健康》受保护医学派的影响极大。

3.5　总结

与其说生态健康是一个拥有统一概念框架和方法论的研究方法,不如将其视作一个"概念空间"。本文尝试着对几个主要学派的由来和发展作了简单的分析,从中我们不难发现,作为一个概念空间,在生态健康这一概念中,有两点至关重要:①因为多样性对思考生态健康的概念十分重要,所以就主导概念——生态健康而言,灵活性和适应性不可或缺;②面对围绕主导概念出现的离心力,保持作为向心力的原则和价值观的共同点十分重要。

在这两个极端中间找到一个适当的

平衡点,生态健康就具备了接受"同一健康"后的恢复能力。

参考文献

Riley. JC 著.門司和彦等译.2008.有關健康轉換和寿命延長的世界志[M].明和出版.(原著:Riley, J. Rising Life Expectancy: A Global History, Cambridge University Press. UK. 2001)

鈴木继美.1982.生態健康觀[M].篠原出版.

鈴木莊亮.1979.人類・生態学觀点.生存与環境(講座・現代医学 5)(小林登等編著)[J].日本評論社:39-56.

門司和彦,西本太.2010.生態健康觀点[M]//综合地球環境学研究所編.地球環境学事典.弘文堂:302-303.

西本太.2014.社会人類学からみたエコヘル[M]//門司和彦、安本晋也、渡辺知保編集.エコヘルス—二十一世紀における新たな健康概念:110-115.

WILCOX, B A, et al. 2004. EcoHealth: A Transdisciplinary Imperative for a Sustainable Future (Editorial Overview)[J]. EcoHealth, 1 (1):3-5.

WILCOX B A. et al. 2004. Introduction [J]. EcoHealth, 1-1: 1-2.

RAPPORT D, et al. 1998. Ecosystem Health [M]. Blackwell Science, Oxford.

ARON J L, JONATHAN A P. 2001. Ecosystem Change and Public Health: A Global Perspective [M]. Johns Hopkins University Press, Baltimore.

MARTENS P, et al. 2011. Globalization and human health-complexity, links and research gaps[J]. I HDP Update (Special Issue on Human Health and Global Environmental change).

MCMICHAEL A J. 2013. Globalization, Climate change, and Human Health[J]. N. Engl. J. Med., 368: 13351343.

WALTNER T D, et al. 2008. The Ecosystem Approach: Complexity, Uncertainty and Managing for Sustainability[M]. Columbia University Press, New York.

CHARRON D F. 2012. Ecohealth research in practice: Innovative applications of an ecosystem approach to health[M]. International Development Research Centre, Ottawa.

ZINSSTAG J E. et al. 2012. From "one medicine to one health" and systemic approaches to health and well-being[J]. Preventive Veterinary Medicine. PRE- VET. (doi: 10. 1. 16/j. prevetmed. 2010.07.003)

PARKES M. 2011. Diversity, emergence, Resilience: Guides for A New Generation of Ecohealth Research and Practice[J]. EcoHealth, 8: 378-380.

ZINNSTAG J E. 2012. Letter from the New IAEH President J akob Zinnstag・Health and Ecology: Let us Join Forces[J]. EcoHealth, 9: 376-377.

作者列表

1. **安本晋也**（Yasumoto Shinya）

   最终学历：（英国）东英吉利大学大学院环境学研究科、环境学博士

   研究方向：人文地理学、环境学、地理信息系统学（GIS）

   任职：（日本）立命馆大学衣笠综合研究机构 专门研究员

2. **坂井亚规子**（Sakai Akiko）

   最终学历：（日本）名古屋大学大学院环境学研究科、理学博士

   研究方向：环境学

   任职：（日本）名古屋大学大学院环境学研究科研究员

3. **本庄三惠**（Honjo Mie N）

   最终学历：（日本）京都大学大学院理学研究科、理学博士

   研究方向：环境学、基础生物学

   任职：（日本）京都大学生态学研究中心研究员

4. **川端善一郎**（Kawabata Zen'ichiro）：

   最终学历：（日本）东北大学大学院理学研究科、理学博士

   研究方向：环境学、微生物生态学、资源保全学、基础生物学

   任职：（日本）综合地球环境学研究所名誉教授

5. **董义（音）**（Dong Yi）：

   任职：上海交通大学环境科学与工程学院

6. **渡边知保**（Watanabe Chiho）：

   最终学历：（日本）东京大学大学院医学系研究科、保健学博士

   研究方向：人类生态学、环境保健学

   任职：（日本）东京大学大学院医学系研究科教授

7. **高原辉彦**（Takahara Teruhiko）：

   最终学历：京都工艺纤维大学大学院工艺科学研究科、学术博士

   研究方向：环境学、生物科学、基础生物学

   任职：（日本）岛根大学生物资源科学部生物学科助理教授

8. **Hein MALLEE**：

   最终学历：（荷兰）莱顿大学、社会科学博士

   研究方向：社会科学

   任职：（日本）综合地球环境学研究所教授

9. **井上充幸**（Inoue Mitsuyuki）：

   最终学历：（日本）京都大学大学院文学研究科、文学博士

   研究方向：地域研究、历史学

   任职：（日本）立命馆大学文学部教授

10. **孔海南**（Kong Hainan）：

   最终学历：（日本）山口大学大学院工学研究科、工学博士

   研究方向：湖泊水库富营养化防治

   任职：上海交通大学环境科学与工程学院教授、中国环境科学学会环境分会副理事长、中国水环境学会副会长、上海交通大学河湖环境技术开发中心主任

11. **刘滨**（Liu Bing）：

   任职：中国大理洱海湖泊研究中心

12. **门司和彦**（Moji Kazuhiko）：

   最终学历：（日本）东京大学大学院医学系研究科、保健学博士

   研究方向：社会医学

   任职：（日本）长崎大学大学院热带医学·全球健康研究科副研究科长、教授

13. **奈良间千之**（Narama Chiyuki）：

   最终学历：（日本）东京都立大学大学院理学研究科、理学博士

   研究方向：自然地理学

   任职：（日本）新泻大学理学部自然环境学科副教授

14. **普孝英**（Pu Xiaoying）：

   任职：大理大学农学与生物科学学院

15. **秋道智弥**（Akimichi Tomoya）：

   最终学历：（日本）东京大学大学院理学研究科、理学博士

   研究方向：生态环境学、海洋民族学、民族生物学

   任职：（日本）综合地球环境学研究所名誉教授

16. **槙林启介**（Makibayashi Keisuke）：

   最终学历：（日本）广岛大学大学院文学研究科、文学博士

   研究方向：考古学

   任职：（日本）爱媛大学东亚古代铁文化研究中心副教授

17. **山中裕树**（Yamanaka Hiroki）：

   最终学历：（日本）京都大学大学院理学研究科、理学博士

   研究方向：基础生物学

   任职：（日本）龙谷大学理学部讲师

18. **藤田耕史**（Fujita Koji）：

   最终学历：（日本）名古屋大学大学院环境学研究科、理学博士

   研究方向：环境学

   任职：（日本）名古屋大学大学院环境学研究科副教授

19. **窪田顺平**（Kubota Jumpei）：

   最终学历：（日本）京都大学大学院农学研究科、农学博士

   研究方向：水文学、森林水文学、防沙学

   任职：（日本）综合地球环境学研究所副所长、教授

20. **卫志宏**（Wei Zhihong）：

   任职：中国大理洱海湖泊研究中心高

级工程师

21. 吴德意（Wu Deyi）：

    最终学历：（日本）爱媛大学大学院、博士

    研究方向：水处理中的吸附与离子交换技术及相关环境材料研究、河湖生态安全评价与生态修复工程

    任职：上海交通大学环境科学与工程学院 教授、博士生导师

22. 谢杰（Xie Jie）：

    最终学历：上海交通大学环境科学与工程学院、博士

23. 杨晓霞（Yang Xiaoxia）：

    任职：大理大学农学与生物科学学院

24. 姚檀栋（Yao Tandong）：

    最终学历：中国科学院北京地理研究所、博士

    研究方向：自然地理学

    任职：中国科学院青藏高原研究所所长、中国科学院院士

25. 源利文（Minamoto Toshifumi）：

    最终学历：（日本）京都大学大学院理学研究科、理学博士

    研究方向：环境学、生态学

    任职：（日本）神户大学大学院人间发达环境学研究科特命助教

26. 中尾正义（Nakao Masayoshi）

    最终学历：（日本）北海道大学大学院理学研究科、理学博士

    研究方向：环境学、地球行星科学、冰河气候学、冰雪水文学

    任职：（日本）综合地球环境学研究所名誉教授

27. 佐藤洋一郎（Sato Yo-Ichiro）

    最终学历：（日本）京都大学大学院农学研究科、农学博士

    研究方向：植物遗传学

    任职：（日本）大学共同利用机关法人人间文化研究机构理事、教授